知のトレッキング叢書

北極大異変

エドワード・シュトルジック
園部哲 訳

集英社インターナショナル

北極大異変

目次

北極圏全図

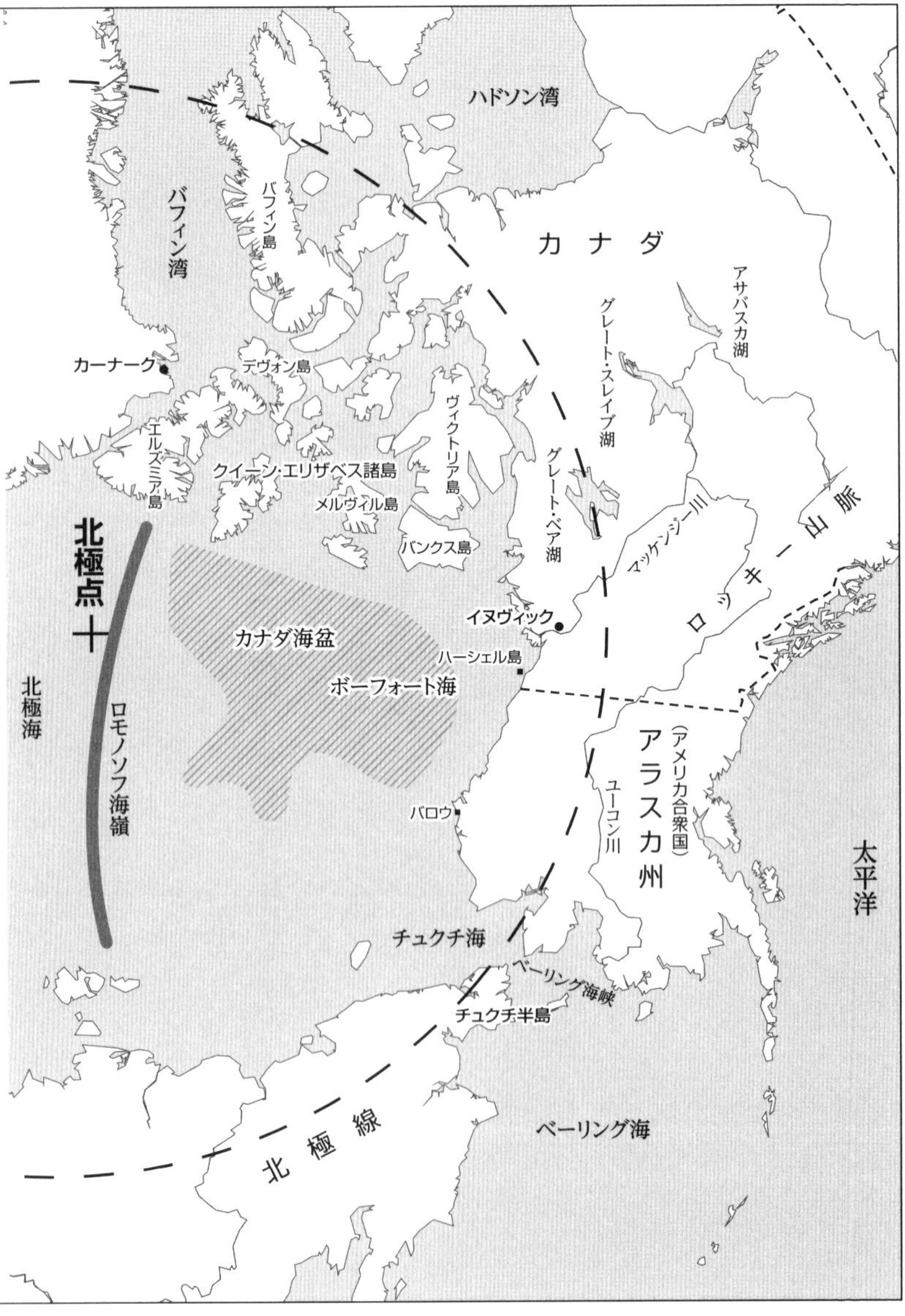

ハドソン湾
バフィン湾
バフィン島
カナダ
アサバスカ湖
グレート・スレイブ湖
カーナーク
デヴォン島
ヴィクトリア島
エルズミア島
クイーン・エリザベス諸島
メルヴィル島
グレート・ベア湖
バンクス島
北極点
マッケンジー川
ロッキー山脈
イヌヴィック
カナダ海盆
ハーシェル島
ボーフォート海
北極海
ロモノソフ海嶺
アラスカ州
(アメリカ合衆国)
ユーコン川
バロウ
太平洋
チュクチ海
ベーリング海峡
チュクチ半島
北極線
ベーリング海

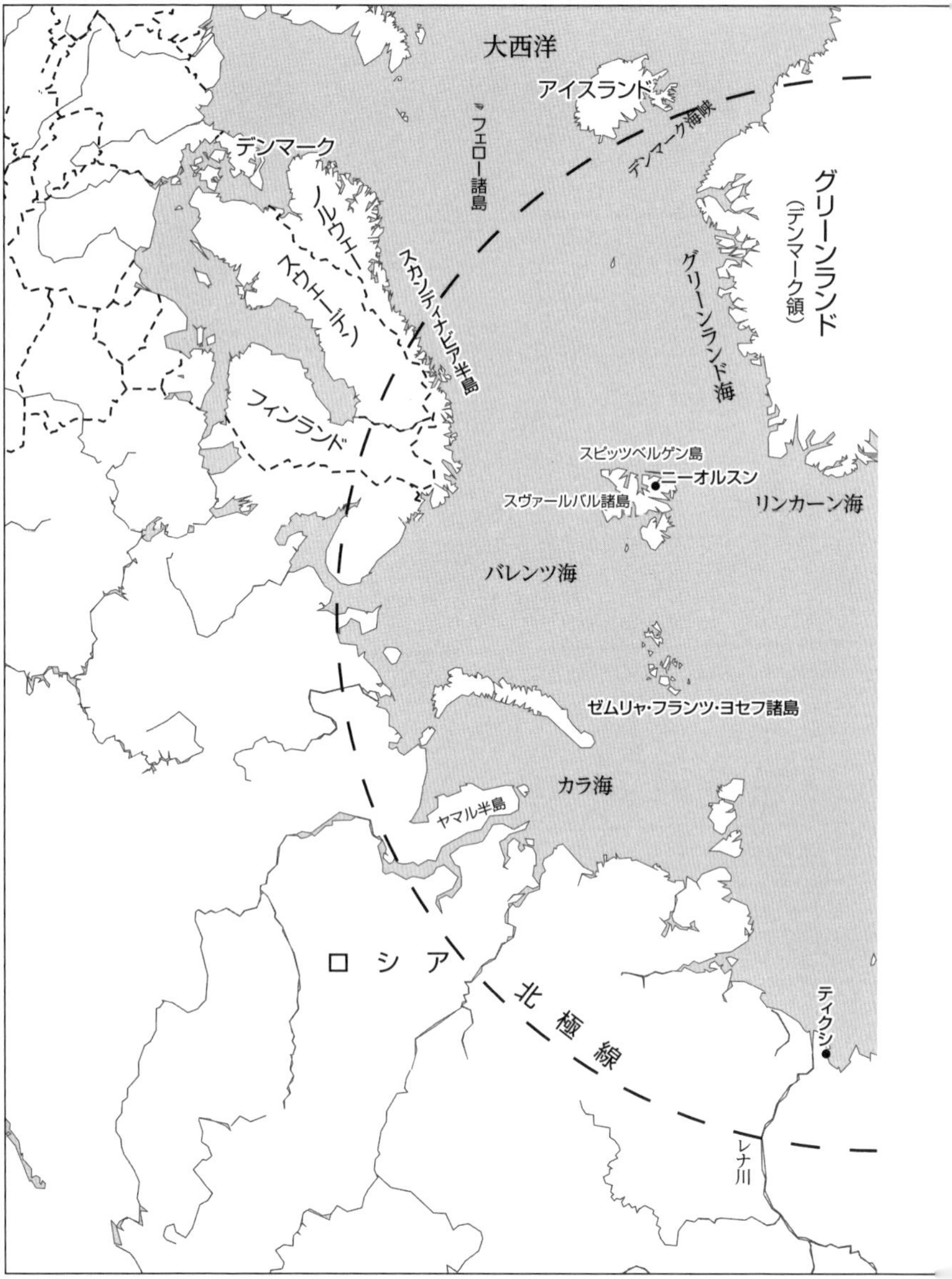
大西洋
アイスランド
デンマーク海峡
フェロー諸島
デンマーク
ノルウェー
スウェーデン
スカンディナビア半島
グリーンランド
(デンマーク領)
グリーンランド海
フィンランド
スピッツベルゲン島
ニーオルスン
スヴァールバル諸島
リンカーン海
バレンツ海
ゼムリャ・フランツ・ヨセフ諸島
カラ海
ヤマル半島
ロシア
北極線
ティクシ
レナ川

カナダ周辺図

ピアリランド
エルフリングネース島
キング・クリスチャン島
エルズミア島
ハンス島
カーナーク
（トゥーレ）
グリーンランド
（デンマーク領）
北極線
アイスランド
グリーズ・フィヨルド
コバーグ島
ジョーンズ海峡
デヴォン島
レゾリュート
バサースト島
コーンウォリス島
ランカスター海峡
プリンス・レオポルド島
アークティック・ベイ
バフィン湾
イルリサット
カンゲルルススアーク
シシミウト
バフィン島
デイビス海峡
イカルイット
サウサンプトン島
ベイカー湖
コーツ島
大西洋
ハドソン湾
チャーチル
ニューファンドランド・
ラブラドール州
ヘイズ川
ケベック州
ニューファンドランド島
オンタリオ州
カナダ
ハリファックス港

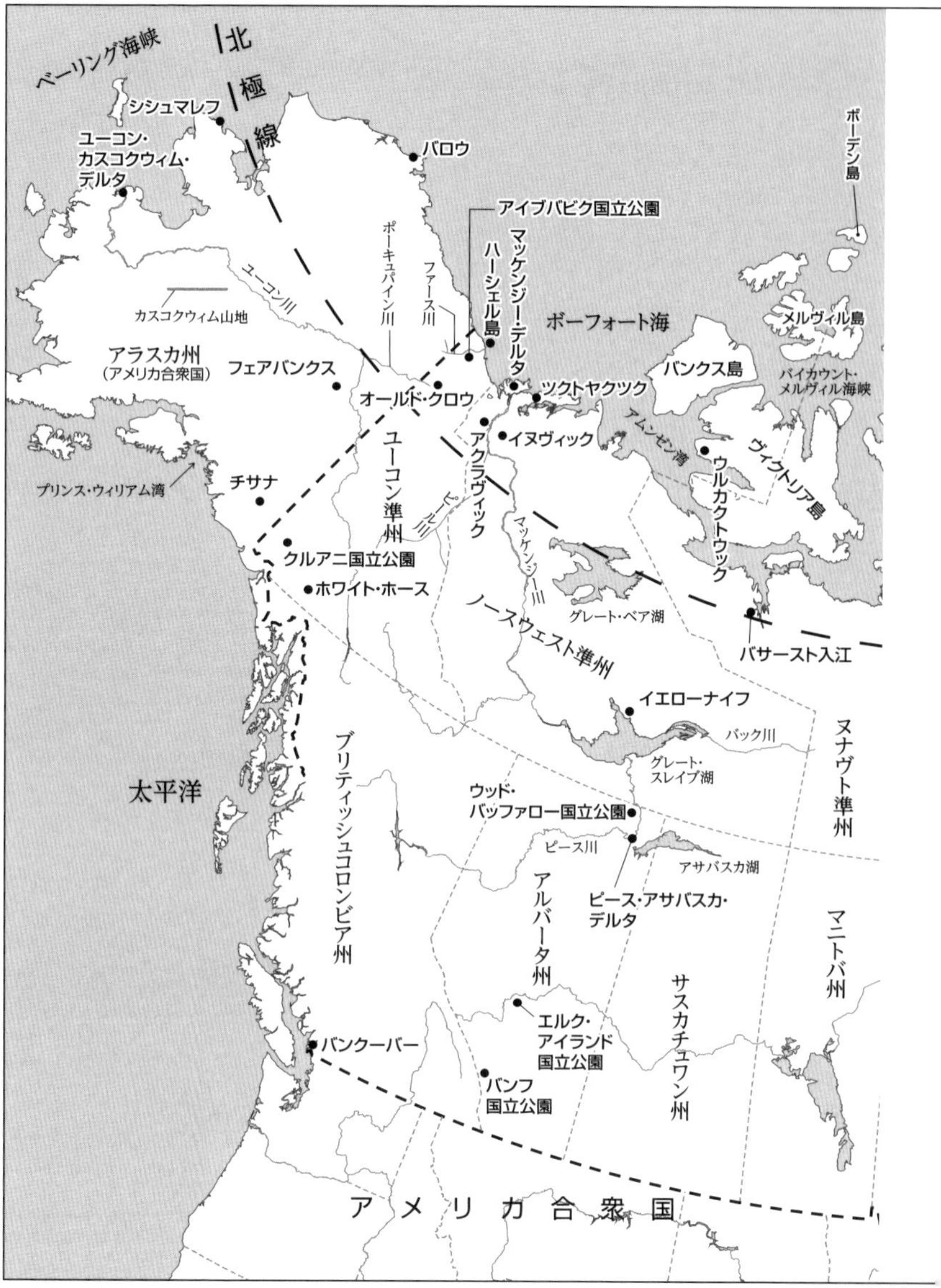
ベーリング海峡
北極線
シシュマレフ
ユーコン・カスコクウィム・デルタ
バロウ
ボーデン島
アイブバビク国立公園
マッケンジー・デルタ
ハーシェル島
ポーキュパイン川
ファース川
ユーコン川
カスコクウィム山地
ボーフォート海
メルヴィル島
バンクス島
バイカウント・メルヴィル海峡
アラスカ州（アメリカ合衆国）
フェアバンクス
オールド・クロウ
ツクトヤクツク
アムンゼン湾
イヌヴィック
アクラヴィック
ユーコン準州
ウルカクトウック
ヴィクトリア島
プリンス・ウィリアム湾
チサナ
ピール川
マッケンジー川
クルアニ国立公園
ホワイト・ホース
ノースウェスト準州
グレート・ベア湖
バサースト入江
イエローナイフ
バック川
ヌナヴト準州
グレート・スレイブ湖
ブリティッシュコロンビア州
太平洋
ウッド・バッファロー国立公園
ピース川
アサバスカ湖
アルバータ州
ピース・アサバスカ・デルタ
マニトバ州
サスカチュワン州
エルク・アイランド国立公園
バンクーバー
バンフ国立公園
アメリカ合衆国

キャラクター（トレッくま）イラスト●フジモトマサル
カバー写真●ポール・ニックレン／©PAUL NICKLEN ／ National Geographic Creative
装丁・デザイン●アルビレオ
地図作成●タナカデザイン

第 1 章

北極条約の必要性

このカナダ政府のベースキャンプは、高緯度北極圏のボーデン島沿岸近くにある。カナダ、米国、ロシア、ノルウェー、デンマーク各国は、現在どこにも属さない地域の領有権を主張し、北極世界の地図を書き改めようとして

北極をめぐる各国の思惑

二〇一〇年の春、私は、カナダ、クイーン・エリザベス諸島近くにあった北磁極[1]近くの不安定な浮氷の上でキャンプを張っていた。私がそこに滞在していたあいだ、体感温度が摂氏マイナス三〇度を超えることはなかった。風にはためきつづけるテントのなかで安眠は得られず、凍りついたカマボコ宿舎内部の蒸気にくもった空間で列を作って待つ食事は喉を通らない。私が使えた唯一のシャワーは、うなりをあげるディーゼル発電機の排気でぬくめた水の滴《したたり》どまり。

私は四〇名の男女といっしょだった。科学者とエンジニアと、軍隊あがりや民間出身のパイロットたち。トイレ掃除、床洗い、雪かき、氷に巨大な穴をうがつ仕事、そしてカナダにとって有利になるような未来の北極圏[2]地図を二〇一三年末までに描き直す仕事が、全員に割り当てられていた。

ホッキョクグマ、カリブー、シロイルカ、鳥、その他の動物たちの未来は不明確だけれども、北極圏に領海を有する国同士の境界線はますます明確になりつつある。国連海洋法条約[3]UNCLOSによると、各国は国際的に認められた二〇〇海里（約三七〇キロメートル）を超えた海底も、自国の大陸棚と主張することができる。それを主張するためには、その海底が大陸棚の延長であることを証明しなければならない。

数十年前までカナダ、米国、ロシア、ノルウェー、デンマーク——北極地域に領土を有する北極海沿岸五カ国——は、北極圏の領有権が不明な地域にはなんの価値もないとして、領有を主張をする気はなかった。ところが今、海氷の減少とともに石油、ガス、鉱物、未来の水産業という宝物が顔をのぞかせたため、各国は自分たちの北極海域に数百万平方キロメートルを追加しようという野心に駆り立てられ、何億ドルという金を注ぎ込んでいる。

その春、カナダの計画はすべて順調に進んでいたが、それは魚雷のかたちをした長さ七・三メートルの潜水艇を発進させるところまでだった。潜水艇はバラバラの状態で空輸され、私たちがキャンプをしていた浮氷の上で組み立てられることになっていた。場所と速度と海底のようすを伝達する水中音響モデムを積んだ自律型無人潜水機は、カナダ領北方境界線の端近くの海底を、二三時間以内で周遊する最初の航海をする予定だった。

が、そううまくはいかなかった。

その夜午後一〇時二〇分、一五時間前に潜水艇を分厚い氷の下に降ろした同じ男女のメンバーが立ちつくし、さえずりのような独特の電子音を聞き漏らすまいとしていた。進行方向を変えた潜水艇がキャンプの海中センサーの捕捉範囲内に戻ってきていれば、その音が聞こえるはずだった。

予定時刻をはるかに過ぎ、おそらくは問題が生じたのだろうと判断したチームリーダーたちは、海氷の下にいる潜水艇を見つけるために現場にいたヘリコプターを一、二機飛ばす計画を立てた。一部では海氷が割れ始め、ほかの場所では氷が渦を巻いていた。

どんなことがあっても避けたかったのは、極寒の北極の夜、薄暗いなかで、信号をキャッチするために二メートルから四・五メートルの厚さの氷に穴を開け、それを五キロメートルから八キロメートルおきに繰り返しつつ進んでゆく作業だった。もしもチームワークが成功して信号をとらえることができ、それがどの方角から来ているかわかったとしても、はるか遠く離れた場所へ出向いて、機能不全の潜水艇を引きあげるなど、考えてみただけでぞっとする。

二億ドル（一七〇億円）をかけた地図作成五カ年計画の進捗状況を視察しに、その前日に飛んできた当時の外務大臣ローレンス・キャノンは、そんなことになるとは思ってもいなかった（以降、「ドル」はすべてカナダドルとする。換算に際してのレートは本書出版時点に合わせ、一カナダドル＝八五円とする）。

キャノンは、当時の米国国務長官ヒラリー・クリントンから公衆の面前で受けた叱責に、まだ湯気を立てている最中だった。ヒラリーは、カナダが主催した北極圏の未来を語る会議に、イヌイットのリーダーと他の北極圏三カ国を招かなかったのは間違いだと意見したのだ。キャノンは、ロシアが数日後か数週間以内に北極点にパラシュート部隊を降下させ、ここにいるカナダの地図作成部隊をコケにしようとしているらしい、という諜報レポートにもぴりぴりしていた。

そうしてボーデン島近くのアイス・キャンプに到着したキャノンは平静を装い、ヒラリーの意見をあなどり、ロシア落下傘部隊の北極点降下はパフォーマンスにすぎないと取り合わなかった。

「カナダ森林警備隊がお迎えいたしましょう」と彼は、北極圏でカナダ軍の目となり耳となって働くイヌイット猟師の小集団のことを指していった。「ロシアの方々に万一のことがあれば、当然カナダは救援に向かいます。私たちを頼りにしていただいて結構。しかし北極の所有者が誰かは科学が決めることです。空から飛び降りれば決まるというものじゃありません」

五年もかけて作った海底地図だったから、申請期限の二〇一三年一二月には別に驚くようなことは起きまいと思っていた。ところが驚愕と狼狽、それが当時のカナダ首相スティーヴン・ハーパーの反応だった。彼は自国の申請内容を、UNCLOSへの申請前日になって、初めて精査したらしい。その地図に北極点が含まれていないことに気づいた彼は、地図作成者に最初からやり直すように求めた。

ロシア大統領ウラジーミル・プーチンは明らかに不愉快だった。彼の国は二〇〇一年のUNCLOSへの申請で、すでに北極点の所属について申し立てをしていたが、却下され再調査を求められていた。したがってカナダ首相による土壇場での介入は、無礼な挑戦と見なされたのである。いらだちを強調するかのように、プーチンは命令を、いや、この場合には再命令を下した。ロシア軍に対し、二〇〇機の飛行機と四〇の大陸間弾道ミサイルを配置し、原子力潜水艦二隻を現地に向かわせるよう指示したのである。彼は以前からの誓約である「冷戦」基地を北極圏で再開する旨、繰り返し述べている。

「北極圏でのインフラ整備と軍隊の配置に傾注してほしい」。同じ週にモスクワで開催された国防省会議がテレビ中継されたおり、プーチンはこのように述べた。「我が国は、北極圏における安全保障と国益を守るためにあらゆる手段を取らなければならない」

その週、私はロシアの大手テレビ局から、この言葉をどう思うかと問われたが、その解釈は容易ではなかった。

「北極圏での対立が激しくなるか?」と、ニュース番組の司会者は知りたがった。

現在も近い将来もありそうにないことだが、私は何と答えたらいいのかわからなかった。ロシアはUNCLOSのルールに従ってきてはいるけれど、北極圏での権利主張となると鼻息を荒くする傾向がある。二〇〇七年、ロシアの地図作成チームが北極点真下の海底に、錆つかぬチタニウム製のロシア国旗を立てたときの儀式は、北極点下の海底は全長一八〇〇キロメートルのロモノソフ海嶺であり、ロシアの大陸棚の延長だということを世界とロシア国民に明確に示す効果を狙って演出され、撮影された。帰国した遠征隊は英雄並みの歓迎を受けた。「最初に到達したのは私たちだから、私たちは北極全体の領有権を主張できる。しかし隣人がその一部を欲した場合、交渉の余地はある」と、ロシアの超国家主義政党、自由民主党のポピュリスト的党首、ウラジーミル・ジリノフスキーがいった。

ともかくカナダが土壇場で北極点の領有を主張したのは、相当に不可解な話だった。いずれにせよ、カナダの地図作成チームのリーダーは、北極点を領有地だと主張するのは根拠薄弱だと判断した。あるいはカナダの主張を盤石なものにするための時間も意志も財源もなかった。私も含めた一部の人々はしばらくのあいだ、ハーパーは、プーチンがときどきやるように、大衆に迎合してみせただけなのではないかと思っていた。

どこまで本気かはわからないが、北極圏で派手な演出をしているのはカナダとロシアだけではない。カナダのエルズミア島沖合にある一・三平方キロメートルの無人島ハンス島をめぐってのデンマークとカナダの小競り合いは、両国がヘリコプターを飛ばし、フリゲート艦を送り込み、国旗を立て、ここ数年はさまざまな機会に島を占拠したりと、茶番劇の様相を呈している。「自由ハンス島」というウエブサイトが、ハンス島解放戦線——冗談であることを願うけれども——と称するグループによって運営されているが、こういうことのすべてが、いかにばかげていて時間と金の無駄かを赤裸々に示している。

中国海軍の引退少将、尹卓《インジュオ》は数年前、「北極の統治権を有する国はなく、世界の人々の共有物である」と宣言したが、これもまた別種の茶番だ。それ以降中国の高官はこの発言から距離を置こうとしているが、あまりうまくいっていない。

米国では、主だったところでは三人の大統領、海軍、商工会議所、米国石油協会がUNC

LOSに批准しようと何度も試みてきたが、これに反対の立場を明らかにしている少数の上院議員たちも賢い動きをしているとはいえない。三人の大統領のほうでも、批准に必要な上院議員三分の二の賛成票は獲得できないことを承知しており、力を尽くすことはなかった。

共和党上院議員がUNCLOSの批准を阻止できているのは、同条約が米国の主権を侵害するかもしれないという通念と誤認のおかげである。同条約の草案が最初ソ連の影響を受けつつ作成された一九八二年当時であれば、そうした怖《おそ》れに多少の意味もあったが、一九九四年の部分改正によって排他的経済水域――各国の領海基線から二〇〇海里以内――を越えた場所でも石油・ガス資源の開発、鉱物採掘、海底ケーブルの敷設などが可能になった。米国がUNCLOSを批准し加入するまでは、米国企業は深海開発への投資を敬遠するだろう、と外交問題評議会の国際法・安全保障法の専門家で上級研究員のジョン・ベリンジャー三世はいう。

投資問題はさておき、政治や派手な芝居で科学と外交の裏をかこうとするのは建設的ではない。とりわけ北極圏の将来における開発が同地域の環境・文化の本来のあり方を毀損《きそん》しないよう、多くのことがなされなければならないときなのだから。国境とは無関係に動き回る海洋哺乳動物に対する開発の影響、氷におおわれた地域に原油流出がもたらす影響、エネルギー・資源開発が野生生物と彼らの住処《すみか》である生態系におよぼす累積的影響を査定するためには、まだまだ多くのことをしなければならない。さらには、捜索救難活動、流出油処理技術、海運規制、場合によっては漁業規制についても多くの検討がなされるべきだろう。北西航路[4]の国際的位置づけ、ハンス島、リンカーン海、そしてカナダと米国が権利を主張しているボーフォート海のエネルギー資源が豊富な海域での境界紛争などの解決策も模索しなければならない。

北極条約構想

数年前、米国の海軍大将ジェイムズ・G・スタヴリディスは、北極圏を分割しようとした場合に避けがたくついて回るリスクを認識し、たとえ「北極圏をめぐる問題について平和的な対処がなされてきてはいても、気候変動のせいで今後数年は、直ちに採掘可能な自然資源開発の奪い合いが激化し、今の安定状態をゆるがすことになるだろう」と指摘した。

彼はこう付け加えた。「気候変動の効果に起因する連鎖的な関心と、幅広い分野への影響を今日の世界のリーダーたちは十分に理解し、北極圏が協同作業の場所でありつづけるよう探究し、そのための努力を結集させなければならない――アイスバーンを滑降するような競争に走ったり、さらに抗争の谷間へ転落するのはもってのほかだ」

スタヴリディスは、北極圏の軍事的価値に気づかぬふりはしていない。軍隊には北極圏で商業的利権やほかの権益を守る特別支援という重要な任務がある、と彼はいう。

まさにそれが、グリーンピースの活動家が二〇一一年にグリーンランドで石油掘削船《くっさくせん》を、またその二年後にロシアの掘削リグを占拠しようとしたときに認識されたのだった。いずれのケースでも、デンマークとロシアの特別奇襲隊が自動小銃を持って乗り込んできた。ロシアのケースでは、世界に対し、北極圏での彼らの戦略上の利益は誰からも侵されないという宣言付きだった。[5]

北極圏の問題に対処するために各国が努力を結集する、という発想は、とりわけスタヴリディスのような軍事戦略家から提唱されたことを思うと、ずいぶん大胆なアイデアだ。しかし目新しいわけではない。一九七九年にトロント大学の政治学者フランクリン・グリフィスは、北極圏諸国が汚染防止や科学研究の分野で協働できるような非武装地域をもうける提案をした。米国の国家安全保障会議で地球的問題を扱っていた前次官補のリンカーン・プルームフィールドは、二年後その提案をさらに拡充した。ロシアの大統領ミハイル・ゴルバチョフは一九八七年、北極圏での協力を促進させる条約の締結を呼びかけ、この提案に国際的な信義を加えた。

そのような協力がどのように実現されうるか、それを示したモデルがある。一九五七年、六七カ国の科学者が地球、大洋、大気圏、太陽を全世界で連携して観測しようという企画に参加した。地政学的緊張が高まっていた状況下——それは今も変わらぬが——一九五七年から一九五八年の国際地球観測年の成功は驚くべきことだった。そこでの研究の成果は、スプートニクの打ち上げや地球を取り巻くヴァン・アレン帯の発見、海の深さや海流を反映した海図の作成、地球の磁場の体系的理解につながっただけでなく、南極条約への道を開いたのである。

一九五九年に南極条約が署名されてから五〇の国が、南極を科学的保護区とし、軍事活動と資源の開発を禁じた条約の複雑な体制に組み込まれてきた。南極が戦争、核実験、人為的環境災害の舞台にならなかった地球上で唯一の場所なのも、これらの条約・勧告・措置——南極条約体制と称される——に多くを負っている。

北極圏に関する条約の構想や包括的国際合意について議論はなされてきたが、そうした議論が北極圏をめぐる多くの問題の複雑さに切り込むことはなかった。南極と違い、北極線[6]の北側には実際に生活している人々がいる。ロシアには二〇〇万人近く、アラスカには六五万人、カナダには一三万人、そしてグリーンランド、アイスランド、スカンディナビア諸国、フェロー諸島すべてを合わせると一〇〇万人強の人々が住んでいる。将来の条約は、この人たちの文化的・経済的利害を反映し考慮されたものでなければならない。なお、北極圏カナダとアラスカに住むイヌイットを含む多くの人たちは、さまざまな権利主張の訴訟を通じて土地所有者となった際、ある程度の自治権を得ている。

北極圏における領域の境界線問題も、カナダの北部を回る北西航路の位置づけもまだ解決していない。カナダは北極諸島周囲の海は歴史的にカナダの内水である、つまりそこは無害通航権[7]すら認めなくてもよい領域であると主張している。逆に、領海であるならば無害通航権を認めなければならない。

二〇〇八年、米国外交問題評議会のフェローであるスコット・G・ボルガーソンは、有力誌「フォーリン・アフェアーズ」のなかで、米国は北極圏で展開されつつあるできごとを座視し「手をこまねいている」わけにはいかないと警告し、北極圏に関する包括的合意が必要だと明言した。

「北極圏地域は、航行可能な水路になるという期待も、大規模な商業開発の舞台になるという期待もされていなかったから、現在のところ包括的な多国間行動規範にも条例にもしばられていない」と彼は二〇〇八年の春に書いている。「それゆえに、今後北極圏諸国によってなされる決定は、同地域の向こう数十年間の未来を根本的に方向づけるものとなろう。競合する主張や潜在的抗争について、米国がリーダーシップをふるい外交的手段で解決すべく助力しなければ、この地域で武力による資源の略奪戦が勃発しかねない」

ボルガーソンはその後、一応自分の間違いを認めている。自分のような悲観主義者には――と彼は二〇一三年に認めている――もめごとは最終的には「武装威嚇」に頼るしかないと思う欠点があったと。彼は、カナダ、デンマーク、ノルウェー、ロシア、米国が二〇〇八年にイルリサット宣言を発表した件を指摘する。そのなかで五カ国は、北極評議会[8]とUNCLOSを支持することを再確認し、利害対立する主張については粛々と解決をはかることを誓っていた。

この精神の実践例が二〇一〇年に起きた。ロシアとノルウェーがスヴァールバル諸島近海での境界線問題を解決した件である。カナダとデンマークのハンス島をめぐる問題でも進展がある模様だし、北極圏諸国は、一定海域での捜索救難活動と商業漁業に関する合意を形成をした。

だがその後、奇妙な事件が起きる。二〇一四年にロシアがウクライナへ軍隊を送り込んでクリミア半島の支配権を奪取し、西側世界を驚かせた。この侵入を正当化するためにロシアは、米国と欧州連合が反乱軍を煽動《せんどう》して、ロシアの朋友と見なされているウクライナ大統領ヴィクトル・ヤヌコーヴィチを亡命に追い込んだと非難した。

ヒラリー・クリントンを含む西側のリーダーは即座に、このクリミア危機を北極圏での緊急テーマに結びつけた。ロシアは北極海で一番長い海岸線を有しており、ロシア人は同地域で「積極的に軍事基地を再開している」と、二〇一四年三月モントリオールの講演で彼女は述べた。ロシアは最近グリーンピースの活動家を拘禁し、定期的に軍用機をカナダとアラスカのあちこちに飛ばしている、と彼女は付け加えた。「私たちの反応をテストしているのです。私たちは共同戦線を張らなければなりません」

意外にも大半の専門家は、こうした件にしても、その直後に起きたロシアを主要八カ国首脳会議G8から追い出す動きがあっても、またスウェーデンとフィンランドが北大西洋条約機構、すなわちNATOへの完全加盟を模索していても、北極圏での今後の協力関係には影響を与えないだろうという〔9〕。スウェーデンとフィンランドの両国がNATOメンバーになろうとしている状況下、ノルウェーはNATO同盟国にロシアの北面での睨《にら》みを強化するよう説得しにかかるだろう。G8での発言権を失ったロシアは、北極評議会による今後の提議には拒否権を行使することによって報復が可能になる。

二〇一四年に駐カナダのアイスランド大使だったトーヅル・アイギル・オスカーソンは、「何ごとも現状維持はありえず、新しい線が引かれ、壁はきまって崩れ落ちる」といったが、至言だと思う。「現在北極圏内で目につくひび割れが、将来また生じないとも限らない。特におそらく一番軽視されてはいるが、一番扱いの難しい安全保障面におけるひび割れである」

北極圏統治に関する未熟な取り決めでは、北極圏での企業活動と資源開発にともなう困難を処理することは不可能だろうというオスカーソンの読みは正しい。北西航路の位置づけについての容易ならざる論争はそのままだし、氷の下で流出した石油は境界などおかまいなしに漂うが、そのあとの始末に関する有効な仕組みはできていない。北極点やほかの地域の領有権問題にしても、それがどう解決するかは時間が経ってみないとわからない。現時点では経済的に意味を持たない場所であっても、将来は価値ある場所になるかもしれないのだ。

北極圏の管理について国際的合意が大いに必要であるにもかかわらず、北極条約がどのようなものになるか、まだコンセンサスはない。同様に、北極世界の経済的な、環境面の、そして文化的な関心を管理するためにどのような条約や憲章が最も適しているのかについても合意はない。

法的規制以外の道

北極海の統治方式という問題について主導的立場にある学者は、オラン・ヤングだろう。彼は、カリフォルニア大学サンタバーバラ校のブレン環境科学管理学スクールを本拠にしているが、ダートマス大学北極圏研究所の所長でもあり、ノルウェーのトロムソ大学の政治学特任教授でもある。たぶんフランクリン・グリフィスを除けば、彼ほど長くこの問題の最前線でリーダーを務めている人物はいない。

ヤングは、北極圏で明らかになってきた環境危機について表明される懸念には、かなり誇張があると考えている。もちろん彼は、最悪のシナリオが現実となる可能性を認めてはいるが、西部無法時代の開拓者殺到のような状況にはならないだろうと見ている。ヤングは、排他的経済水域を越えた北極圏の大陸棚下に埋蔵されている石油・ガスが近い将来開発される可能性はほとんどない、と考える側の一人でもある。近い将来という射程では、技術と規制上の理由によって、北極圏の沖合で石油・ガスを汲みあげる試みは排他的経済水域内の資源層に限られるだろう、というのがほとんどの専門家の意見である。

ヤングは、領有権の主張と将来の海運実務に関する諸問題は、UNCLOSと国際海事機関IMOによって正しく処理されるだろうと確信している。後者は海上航行の安全性を高めるための法律事項と行政事項を取り扱う目的で、一九五八年に発足し国連の専門機関である。ただし、現在進行中の問題を考えれば、北極圏における現行の統治制度を見直す十分な理由があると、彼は認めている。そして、条約の制定が解決ではない、と補足する。そうではなく、その言葉によれば「異なる要素からなる混沌《こんとん》としたつぎはぎ細工のようなもの」で、急激に変化しつつある状況にすみやかに対応するためのソフトロー的[10]アプローチのほうがいいという。

「仮に実現可能だったとしても、北極のために法的拘束力のある正式な条約が必要でしょうか？」。この問題を語り合っていたとき、私はこう尋ねられた。「南極条約のような正式な取り決めの方がいいという傾向があるけれど、北極圏の問題に取り組むにはソフトなやり方にも有利な点があるのです。条約のような厳密で多くの時間と努力を要するものと違って、非公式の合意ははるかに簡単に作ることができ、ずっと実のあるものになるし融通もききます。大いに不確かな未来のために今の段階でがちがちのルールを定めようとするのは、間違っていると思います」

こういうヤングは大勢の意見を代表している。ここ数年、米国、カナダ、そして欧州連合もある程度、包括的な条約という考えから距離を置き始めている。バンクーバーにあるホースシュー・ベイ・マリン・グループ代表のジョゼフ・スピアーズは、この点については皆正しい決断を下してきたと考えている。

スピアーズは、国際海事法での豊富な経験を積んだ法律実務家の観点からこの問題を見る。国際海事法というのは、何よりもまず画一性を要求する、とスピアーズはいう。「最も成功している国際連合組織はといううと、それは間違いなくＩＭＯでしょう。伝統的に海運のことを扱ってきている組織です。現在ＩＭＯは極海域航行を規制するためのポーラーコード[11]を改定中です。コード自体はすでに存在していて、北極海での海運を規制するために使用することができます。カナダなどの沿岸諸国は、海洋管轄権内の海運を規制するために先を見越した堅固な海洋環境法制度を成立させました」

ＩＭＯがポーラーコードの普及に成功したとしても、そこから、沿岸諸国に対して必要な海運施設や汚染対応能力を備えよという要請は出てこない点をスピアーズは指摘する。

ヤングと同じようにスピアーズも、ＵＮＣＬＯＳは特別領域での開発に対処する用意はあり、そこで新しい管理体制を敷くことは可能だと考えている。彼の見解では、必要な環境保全策を構築してゆくにはそのやり方で十分なのだ。大陸棚の沖合方向への延長については、ＵＮＣＬＯＳの第七六条が延長の限界を定めるメカニズムを規定している。

こうした問題の規模の大きさにくらべると、議論の参加者の顔ぶれは限られている。ほぼ全員が顔見知りで、互いに相手を立てている。なかには師弟の関係もある。

とはいうものの、明らかにいわゆるソフト方式の唱道者であるヤングやスピアーズと、アカデミズムと法学界の新世代ロブ・ヒューバートやティモ・コイヴロヴァらが唱道する条約方式とのあいだには明確な一線が引かれている。

ヒューバートはカルガリー大学軍事戦略研究センター副所長であり、カナダの極地委員会のメンバーでもある。もっぱら自発的な協力に頼るソフト方式は、気候変動、エネルギー開発、増加する一方の海運が北極圏にもたらす挑戦に対応するには不十分だと、彼は考えている。

「過去一五年をかけて、北極圏諸国は、北極圏での共通問題に取り組むための基本的な枠組みを構築してきました。現存するこの協力的な枠組み、すなわち北極評議会というものは、『ソフトロー』的な、あるいは自由意志による働きかけを特徴としています。それは、もっと骨の折れる条約を好まない、いくつかの政府の意向の反映でした」

問題の大半は何よりもまず、技術的な問題として提起されるのがふつうだ、と彼はいう。その結果、科学的研究と問題識別が優先し、力を合わせて是正措置を取るという行為は二の次にされる。現在ある取り決めというのは「安あがり」方式で、常任職員もいなければ共同作業を可能にする資源もほとんどない、と彼はいいそえた。

共同管理のための強力な枠組みがなければ、北極圏の生物資源が損なわれてゆくのを阻止できないし、重要な生態系は劣化していき、多くの北極圏コミュニティの伝統を重視した生き方も危機にさらされてゆくだろう、とヒューバートは考える。

差し迫った問題は、誰がそうしたシステムを考え出すのか、という点だと彼はいう。国連、北極評議会、あるいは沿岸五カ国――カナダ、米国、ロシア、ノルウェー、デンマーク――という北極圏で領有権を争っている最中の国々なのか？

北極評議会は、北極圏沿岸諸国間の協力、協調、相互交流の促進を狙って一九九六年に設立されたものだが、二〇一三年に議長国がノルウェーからカナダに移るまでの数年は、短期間ながらうまく機能していた。この評議会は、単なる政策形成団体から政策決定組織へと進歩してきた。彼らの名誉のためにいっておけば、北極評議会は北極圏全体におよぶ二つの合意を作った。一つは捜索救助について、二つ目は海洋油濁汚染への準備についての合意である。

しかしながらここまでのところ、彼らは北極条約に対する興味を示していない。そして一部の人々には意外に思われようが、カナダを議長とする体制下の北極評議会は、あからさまな人事異動、環境保全と資源開発に関するどっちつかずのメッセージ、同評議会にカナダ代表として送り込まれたイヌイット初の閣僚レオナ・アグラッカクの煽動的な言動などに取り巻かれ、ひどい機能不全に陥った。彼女は二〇一三年一二月に、殺されたばかりのホッキョクグマの写真を「エンジョイ！」というキャプションをつけてツイッターに投稿した。それは従兄弟《いとこ》のクマ狩りを自慢したかった一人のイヌイット族のツイートを再投稿したものだったが、どう見ても無分別としかいいようがない。そのうえ彼女は、ホッキョクグマ保護協定締結四〇周年記念行事に出席中のモスクワから、そんなことをしでかしたわけで、彼女のイメージは地に落ちた。彼女のイメージは、カナダ政府環境大臣に任命されて以来、気候変動についてほぼ口を閉ざしたままでいたことで、すでに毀損されていたのだが。

アグラッカクは問題外としても、コイヴロヴァのような評論家は、北極評議会に独善と勘違いの徴候を嗅ぎつけている。

コイヴロヴァは、ラップランド大学北極圏センターの環境・少数民族法北部研究所の研究教授である。彼はまた、越境環境影響評価の理論と実践についての国際共同研究プロジェクトの共同代表者でもある。

コイヴロヴァは、すみやかにものごとを前進させる可能性のひとつとして、北極評議会の現在の会員構成を正式なものにし、環境保護に関する指導原理をいくつか加え、持続可能な開発を実現するような枠組みの条約を締結する方法があると考えている。このように変えておけば、機が熟したときに、交渉合意を得る時間や法律上の手続きを整えるための時間を節約することができるだろう。

北極評議会はこうした変化を嫌うかもしれない、と彼は認める。だが、もし評議会に法的権限がないままだったら、一方的で協調性を欠いた開発に走りがちな加盟国が我意を通す隠れみのになってしまう大きな危険があると、彼は怖れている。

北極圏のように複雑な世界をひとつの条約で括《くく》ろうとする目論見は気が遠くなるような話だが、コイヴロヴァはこのアイデアは実行可能であり緊急を要すると固く信じている。「ここは劇的な変化にさらされている地域です」と彼はいう。「経済活動がこの地域に浸透してくることは承知しています。そうした将来の活動を規制するのに、今のソフトロー的な対応が効果的であるとする根拠はありません。要求されているのは、規制のための法的強制力を持った地域機構の創設です」

無法のままの北極に未来はない

ほんの数年前までは、北極圏での経済的・地政学的な進展がどのくらいの速さで展開するのかはわからなかったけれど、二〇一三年の春に中国が――日本、韓国、シンガポール、インド、イタリアとともに――北極評議会のオブザーバー参加国として認められたとき、その疑念はほぼ消えた。

二〇一〇年以前であれば専門家の多くは、たとえば中国が北極圏で大きな役割を果たす国になるなどとは思ってもいなかった。ところが最近の数年間、中国は将来の北極圏での主力国となるべく、相当な金額を投資している。北方に狙いを定めたほかの国々と同様、新しい展開が期待できる海運を利用し、同地域のほぼ未開発のエネルギーと鉱山資源を開発したがっている。

中国は、自分たちの加盟申請が北極評議会でどう受けとめられるかを見届けて、時間を無駄にするようなことはしなかった。二〇一三年四月、中国はアイスランドと自由貿易協定を結んだが、それに加えて同国に大使館も設置した。現在までに中国の資源関連企業は、北極圏カナダでのエネルギーと鉱山資源の投資として四億ドル（三四〇億円）を使い、グリーンランドで英国が主導で行なっている巨大な鉱山プロジェクトには二三億ドル（約一九六〇億円）の投資と三〇〇〇人の中国人労働者を注ぎ込んでいる。

そのうえ中国は北極圏調査費を増額し、上海に北欧北極研究センターを設立し、二〇一四年には、砕氷船雪竜《シュエロン》を再度ロシアと北欧の北側を回る北東航路[12]へ、おそらく同航路が商業用水路として適当かどうかを確認するために、送り込んでいる。また別の砕氷船も建造中で、将来さらに三次にわたる北極圏調査隊を送り込む予定でいる。

北極圏のいくつかの国は中国の野心を警戒しているようだが、各国も北極圏開発のときが来たと、それぞれのやり方でのろしをあげている。ノルウェーとデンマークの高官は、最近のダボス世界経済フォーラムでその旨を表明したし、二〇一三年五月に北極評議会の議長に任命されたときのアグラックカクも同様である。一番の中核は「環北極圏における自然資源開発になるでしょう」と彼女はいった。この発言に対するご祝儀として、カナダ首相は「資源への道」を完成させるために三億ドル（約二六〇億円）の拠出を確約した。カナダとしては初めての資源専用の、南部を北極海沿岸のツクトヤクツクと結ぶ主要道路である。

米国も、四五億ドル（約三八〇〇億円）を投じたロイヤル・ダッチ・シェルによる石油探査の大失敗にもかかわらず、アラスカ沖での資源開発に青信号を出した。

どう見ても、北極圏の資源の経済利用は、多くの専門家が一〇年前に予測したよりも前倒しで展開されつつある。ＵＮＣＬＯＳは過去も現在も、国際法に則った秩序ある開発手段を勧めるが、ＵＮＣＬＯＳ自体は一九八二年に調印された条約であって、当時はまだ気候変動を語る者はいなかった。一九九四年に条約の一部が改正されたときにも、中国のような北極圏に属さない国は考慮されていなかったし、北極圏でエネルギー・鉱山資源開発が行われる可能性も想定外だった。

さらに問題なのは、国連大陸棚限界委員会による勧告には拘束力がないことである。したがって、もしカナダが土壇場で申請した前述の北極点の領有権主張が認められたとしても、ロシアを国連理事会の勧告に従わせる法的なメカニズムはない。理事会は単に申請内容の理屈を審査するだけなのだ。その後、ＵＮＣＬＯＳは主張が重複する当事者には平和的に解決するように求める。これを受けて、当事国は直接交渉に入るか、ＵＮＣＬＯＳが提供する手続きを利用することになる。

だがそこには、誰もあえて投げかけようとしない疑問が残る。外交的手段によって紛争が解決されなかったらどうなるのか？　たとえばロシアが北極点の周囲で石油や鉱物資源の掘削を始めたら、カナダはどうするだろうか？　カナダには六隻の砕氷船しかなく、すべて耐用年数に近づきつつある。ロシアには三七隻あり、そのうち六隻はカナダの代表的砕氷船よりもパワフルである。米国が介入してくるだろうか？　同じように、もし中国が、ＵＮＣＬＯＳをまだ批准していない米国の合法的領海内で漁を始めたら、米国はどう出るだろうか？

数年前に私は、北極圏は条約ないしは包括的なかたちでの国際的合意によって統治される必要があるという考え方を強く訴えるために、次のようなシナリオを書いてみた。ここでは、それ以降に起きたことを考慮に入れて改訂してある。

ある外国の船が、カナダが領有権を持つ北西航路に入ってきたとする。その船はカナダ政府の基準を満たす二重船体構造のタンカーだったが分厚い氷にぶつかり、ちょうど数千頭のイッカククジラとシロイルカがグリーンランドからランカスター海峡に移動してきたところへ、石油を流出させてしまった。近くの氷の上で少なくとも二、三〇頭のホッキョクグマがアザラシを捕っており、アザラシはホッキョクダラを捕っていた。

カナダの主要砕氷船ルイサンローラン号がハリファックスから出港したが、二〇〇六年の夏、ボーフォート海で四日間のエンジン停止を招いたのと同じコンピュータのトラブルに見舞われてしまった。米国は救助に行くことができない。二隻の老朽砕氷船は退役していたし、計画されていた新型船も建造が遅れていた。

この地域にはヘリコプターが四機しかなかった。うち一機は故障していて飛べない。もう一機は天候の問題で飛行できず。南部からの救援は、ふつうならば利用できる飛行機とヘリコプターがアラスカとユーコン準州で発生した、大きなツンドラ火災対応のため出動中にて不可能だ。

二〇一二年の北極低気圧と同等かそれよりも大型の嵐がアラスカ沖に発生し、勢力を強め海氷を巻き込みながら石油流出の現場へ向かった。石油は海流に乗って、ホッキョクダラの魚群のいる辺りと、北極圏の鳥たちが二年つづきの過酷な天候による破滅的な営巣失敗のあとようやく繁殖を始めていたプリンス・レオポルド島の方角へ向かってゆく。暴風がこの石油を、グリーンランドの漁船がカレイ漁をしていたバフィン湾とデイビス海峡へ吹き寄せる。雲が厚すぎて衛星からは石油の流れを観察することができない。

ノルウェーはNATOに対し、北極圏での存在感を高めてくれと説得してきていた。これに応えてNATOは、ロシア北面で演習をするようになった。ロシアは激高していたし、自分の領海でもないところで起きた流出事故対応に協力する気にはなれない。

それから数日後、北極圏で起きた史上最悪の石油流出事故となった……。

【注釈】

【1】　方位磁針の針が鉛直方向に傾く地点。少しずつ移動している。地球の自転軸である北極点とは別のもの。

【2】北極圏　北緯六六度三三分以北。北極圏に領土をもつ国は、ノルウェー、スウェーデン、フィンランド、ロシア、カナダ、デンマーク（グリーンランドなど）、アイスランド、米国（アラスカ）の八カ国。

【3】海洋法に関する秩序の確立を目指して一九九四年に発効した条約。一六〇カ国以上の国・地域と欧州連合が批准している。米国は未批准である（二〇一六年四月現在）。

【4】北西航路　カナダ北極諸島の北極圏を通って、大西洋と太平洋を結ぶ航路。ヨーロッパ諸国がアジアとの貿易のために開こうとした航路で、その探検の歴史は一六世紀にさかのぼる。二〇世紀初頭に、ロアール・アムンセンが初めて航行に成功した。そして二一世紀初頭から、解氷のために航行がし易くなり、商業用ルートとしての可能性が出てきた。

【5】掘削に必要な機械一式。巻上機、掘削やぐら、ポンプ、発電機なども含む。

【6】北緯六六度三三分の緯線。

【7】国連海洋法条約で定められている、無害航行である限り、他国の領海であっても通航できる権利。

【8】北極圏に領土をもつ八カ国によって、北極におけるルールづくりを目的として設立された。新規加入は認められないが、常任オブザーバー参加国として、北極圏に領土をもたない国も参加できる。二〇一三年には長年の尽力が実り、中国、日本、韓国、シンガポール、インド、イタリアがようやくオブザーバー資格を得た。

【9】参考文献　John Crump (2014) : Diplomatic Chill-A new cold war in the warming arctic? (Canadian Centre for Policy Alternatives)
Rob Huebert (2014) :Prospects for cooperation in the Arctic: a Canadian perspective (Centre for Military and Strategic Studies)
Liz Runkin (2014) :Can an aggressive Russia remain U.S.'s nice Arctic neighbor? (EYE ON THE ARCTIC)

【10】基準やガイドラインなど非拘束的合意。ハードローの対概念。

【11】極海コード。北極および南極海域における船舶運航のための国際基準。

【12】ロシア沿岸の北極海を通り、ヨーロッパとアジアを結ぶ航路。比較的海氷が少ないこの航路は、一般的に北極海航路と呼ばれる。

第 2 章
北極海
——眠れる巨人の覚醒

エルズミア島のオットー・フィヨルドにて。海氷が溶け、タイヘイヨウザケや北極圏近辺の海洋哺乳動物に新たな通り道が開かれる。　写真：著者

北極の変化

二〇一二年の夏、私はカナダの北極圏東部、デヴォン島西岸沖のベシューン入江にいた。一五〇年前その海域でほぼ一年間を過ごした、ある捕鯨船の痕跡を探していたのだ。だが、氷山や岩だらけの浅瀬にも注意を払うべきだった。私と仲間の乗っていたゴムボートは、理論上沈まない設計になっていたけれど、鋭い岩がボートの底を切り裂いて穴を開けるやいなや冷たい水が浸入し、たったひとつのバケツでは水かきをしても追いつかなかった。

私は本能的になるべく早く岸辺へと焦ったが、そのときの北極海帆走の二等航海士で科学士官でもあったヴァレンティヌ・リバドー・デュマは違うことを考えていた。「どんどんくみ出して」と彼女は叫び、私たちの「沈没船」を海岸線から遠ざけ、私たちが乗ってきた全長一五メートルのヨットへ帰還しようとした。だが、一・五キロメートル以上離れた安全水域で錨《いかり》をおろしているヨットを、私たちの目は捕らえることができない。「このゾディアック社製ボートは陸にあがったあとは用無しよ。ヨットに戻れないんなら」と彼女は説明した。「誰かが助けに来てくれるまでには時間がかかるだろうし」

彼女のいっていることは正しい。氷河におおわれた何もない海岸線は、ジャコウウシやホッキョクグマにはおあつらえむきでも、十分な食料も衣服も風よけもない四人の人間が生き延びるのは明らかに無理だ。ということで、私は足もとにあった道具箱を空にし、ゴムボートの気むずかしい四気筒エンジンが水没して止まってしまわぬことを祈りながら、無我夢中で水をかき出し始めた。

それは八月中旬のこと、私たちはグリーンランドからカナダのエルズミア島、デヴォン島、そしてバフィン島へ向かう五週間の旅の途上にあった。北極圏の変化の目撃者となり、未来がどういうものになるかその兆しをかいま見、そこの住人がすでに生じた変化をどう感じているかを理解しようとする、それが旅の目的だった。航海に旅立つ前から、北極の新しい徴候を目にするだろうと承知してはいたが、旅の出だしからそんなものを見ようとは誰も想像していなかった。その夏、私たちが通過したカナダの北極海東部に氷は見当たらなかったが、それよりももっと不思議な驚くべき変化が進行中だった。その変化とは、私たちの足もとに広がる海中の根本的変化によって引き起こされているものらしかった。

北極海ではきわめて稀《まれ》な存在だったシャチが、バフィン島の沖合でシロイルカやイッカククジラを追いつめては捕食していた。タイヘイヨウザケがグリーンランドとカナダの北極圏でも獲れるようになっている。

それ以上にびっくりしたのは、八月に強力な北極低気圧が発生して北極中部をがむしゃらに突き抜け、海面をおおう海氷量がただでさえ史上最低になろうとしていたところ、これをめちゃくちゃに粉砕したことだ。一年のなかでも北極の天候が温和になりかける時期に、二週間近くつづいたこの嵐は異常だった。夏の北極で生じた観測史上最強の嵐だっただけでなく、その強烈さは冬の嵐を含めても一九七九年に気象衛星による観測を始めてから一三番目に厳しいものだった。北極の歴史をどれだけひもといてみても、ここまでひどい夏は前代未聞で、氷河後退の歴史的記録を作った二〇〇七年ですらこれほどではなかった。私たちが航海中に目撃したこうした様変わりのすべてが、海洋生物だけでなく船舶も極寒の海を往来可能だということを示唆する、海流変化がもたらす効果の表れなのだった。温暖化、海氷の融解、そして北極海の海水循環の変化が、いくつか重要なかたちで海洋環境に影響を与えていることは明白だ。たとえば、南に棲《す》む海洋哺乳動物が北に移動する道を開く。無氷の海から立ちのぼる水蒸気が夏の猛烈な嵐に加勢する。氷で閉ざされていた海峡が開き、私たちが乗っていたような船が安全に航行できるようになる。年間を通してほぼ常に分厚い氷におおわれ、まどろむ巨人であった北極海が、冬眠から覚めて筋肉をほぐしている。しかし科学者はその現象をようやく察知し始めたところなのだ。

八月に衛星画像で氷のないことを確かめてはいたが、北極圏最北のコミュニティ、エルズミア島のグリーズ・フィヨルドでヨットに乗り込んだとき、簡単な旅にはなりそうもないと私は感じていた。六時間交代の監視とか、料理と洗濯の分業はあまり心配していなかった。一番気がかりだったのは、生活と仕事の場が、閉所恐怖症になりそうな環境だったことだ。

食卓はきゅうくつで、我々乗組員七人全員が同時に座れる余地はない。シャワーもなければ熱い湯も出ず、台所は――二口のガスコンロと摂氏二三〇度に固定された小さなオーヴンしかない——なんとか人一人が立てるだけだった。

そして寝室を見た瞬間、安眠もままならぬと覚悟した。私のベッドは長さ二メートル強、幅一メートル、高さがわずか六〇センチ。枕に頭を乗せると鼻の先から天井まではたった八センチしかない。

最初の夜ベッドにもぐり込むときは、まるで洞窟探検でもしているようだった。イワシの缶詰みたいなところになんとか這いあがって身体を押し込んだあと、私は息苦しさにあえいだ。ヨットのヒーターから逆流してくるしつこいディーゼルの臭いも、ほかの三つのベッドのスペクタクルも、状況を悪化させるだけだった。

前日までの三日間は雪が渦を巻いていたが、ようやく割合におだやかな天候に恵まれた。しかし、ジョーンズ海峡にはまだ波のうねりがあって、仲間の何人かは吐き気にやられていた。最初の夜、私のベッドから一メートル離れたところで、フランス人の生物学者ソフィー・ショレは紙袋のなかに激しい嘔吐を繰り返していた。真下のベッドでは、世界自然保護基金カナダの北極プログラムのディレクター、マーティン・フォン・ミアバッハが、おそらく耳のうしろに貼りつけたパッチから間断なくしみ込む船酔い防止薬、ドラマミンのおかげだろう、高いびきをかいていた。

ホッキョクグマ専門の生物学者ヴィッキー・サハナティエンのほうをちらりと見たとき、こんなのは序の口だと悟った。彼女は幽霊のように青ざめていたが、耐えに耐えていた。そしてたぶん、私がそうだったように、船が熾烈《しれつ》な嵐のなかに飛び込んだりしたら自分たち四人は果たしてまともに持ちこたえられるだろうか、と彼女は自問していたのだ。

ヨットは小さかったけれど、船長のグラント・レドヴァーズの履歴を見れば、大船に乗った気分になれた。彼は船長としてのキャリアを始めたばかりの頃、今回のと同じくらいのサイズのヨットで、南極とサウスジョージア・サウスサンドウィッチ諸島へ何度か出かけている。そのあと二〇〇六—二〇〇八年にかけてタラ北極探検隊を率いる任務についた。この探検には、フリチョフ・ナンセン[1]が一八九三—一八九六年に強い海流に乗って北極点をめざしたみごとな企ての再現を狙ったという一面もある。そしてその強い海流というのが、私たちがまさに実地検分をしようとしていた海流変化を引き起こす動力なのだった。

人類が最初にカヤックや帆掛け船で北極海を行き来し始めたときから、小さなスケールではあれ、海氷が移動していたことは明白だ。しかしながら、フラム号に乗ったナンセンの航海のおかげで、風と海流の力で海氷が非常な速度で遠距離移動することが実証された。海洋学者はナンセンの発見を発展させて、北極海の主たる海流は西から東に向かっていることを証明してきた。まずは、太平洋の冷たくて比較的塩気の少ない海水が、ベーリング海峡を経由して北極海へ入ってくる。この海水は大変栄養素に富んでいて、ベーリング海とチュクチ海が世界一生物学的に豊かな海なのは、それが理由である。

冬のアラスカ沿岸に酷寒の風が吹きすさぶと、周囲の海水は凍りついて氷が沖合に押し出され、氷から染み出した塩分があとに取り残される。この重たく高濃度の塩分を含んだ水は、最終的には大陸棚に沈み、カナダ海盆《かいぼん》のほうへ流れ落ちてゆく。これが、グリーンランドとスピッツベルゲン島のあいだから流れてきた温かくてもっと塩分の濃い海水に出合うと、西から流れてきた相対的に軽くて塩分の薄い海水は、当然の結果としてその上にせりあがる。塩分濃度が高く温かな大西洋水層は下方に閉じ込められて、その熱を大気中に発散できなくなる。

アラスカとユーコン準州の北に位置するボーフォート海では、強力な風が比較的塩分濃度の低いこの海水を、四五万平方キロメートルの範囲にわたってあおりたて、時計回りの巨大な循環流を生み出す。その範囲内に、マッケンジー川から流れ出た栄養素の多い淡水が広がっている。風力が弱まると、このボーフォート循環のなかで流れていた大量の淡水は、北極諸島のあいだのいくつかの通路から浸出し、最終的には北大西洋へ開いた大きな二つの海峡へ向かう。

この海面水の循環は、北半球の気候を加減するエアコンのような役目を果たしている。エアコンを動かしている配管の一部でも詰まれば、それは北極海の気温、塩分、化学成分を――延《ひ》いては海洋生物の生態をも――変えるきっかけになるだけでなく、ジェット気流の流れも変えることになり、地球規模の気候に影響を与えかねない。太平洋のエルニーニョ現象のように、北極海の海氷域と海水循環の変化は干ばつ地域の渇水を悪化させ、嵐の被害をこうむりやすい地域のハリケーンをすさまじいものにする。

ロシアとアラスカを隔てるベーリング海とチュクチ海は劇的な変化の徴候を示しつつあり、北極圏が新しいタイプの生態系へ移行していることを示す最前線になっている。海洋学者のジャッキー・グレブマイヤーとエディ・カーマックは、海氷融解の影響によって成層、つまり水温や塩分の相違で生じる海水の層が分厚くなったため、海の深いところから補給される栄養素が減少し、そのせいでプランクトンの増殖が激減している事実を観測した。プランクトンが減少すればそれを主食とする海洋虫、オキアミ、エビ、二枚貝、ヨコエビなどが減り、水域の底でそれらを捕食する大型種のセイウチやコククジラたちは、餌を求めてさらに北のほうへ移動せざるを得なくなる。冷水魚のタラやサケもそのあとを追う。

この変化は、ユーコン川流域に沿って泳ぐチヌークサーモンの壊滅的減少というかたちですでに表れている。二〇〇七年から二〇一二年にかけての六回の遡上のうち、五回までの魚群密度が低すぎて、商業漁獲を規制する米加協定の規定数に達しなかった。状況は悪化の一途をたどり、二〇一四年には商業漁獲が全面的に禁止された。

そこに関係性があるのかは誰にもわからないが、これらのサーモンの一部は北極海のカナダ海域へ移動しつつある。おそらくは、海氷が後退し海流が変化し温かくなるにつれて新たな回遊ルートが開け、そちらを利用しているのではないか。ここ数年、北極諸島とマッケンジー川およびその支流ピール川、リアード川からなる河川系のイヌイット、イヌヴィアルイト、そしてデネ族の漁師たちは、シロザケとピンクサーモン、それに加えてベニザケ、チヌークサーモン、ギンザケ、あるいは珍しいコカニーマスなどの漁獲量を年々増やしている。

グリーズ・フィヨルドから北西航路へ入ってゆく遠回りの航路上、私たちは何度か予定外の停泊をしたが、その最初がコバーグ島だった。ジョーンズ海峡の東端に位置するその島は、岩だらけの無人島でその中心部は氷河におおわれている。そこで私たちは、ソフィー・ショレが英国の研究室に持ち帰って分析できるよう、一日かけて海水のサンプルを採取した。しかし、一九三〇年の八月、伝説的な二人のカナダ人画家ローレン・ハリスとA・Y・ジャクソンの乗った船が、船長の判断で島への上陸を中止せざるを得なくなったときに見たという氷もホッキョクグマも、私たちは見ることができなかった。ヴィッキー・サハナティエンはがっかりしていたが、クマがオットセイ狩りをするための足場となる海氷がないのだから、驚くには当たらない。

私たちが実際に目撃し体験したのは、グリーンランドから吹きつけてカナダ北極圏に吸い込まれていく強烈な東風だった。たぶんそれは、八月初旬にアラスカ沖合で発生した強力な低気圧に結びついていたのだろう。最初の夜、コバーグ島の西側に避難場所を探していた私たちは、崖の上をジョン・チャールズ・ドルマンの有名な絵『ワルキューレの騎行』のなかの飛び去る北欧の女神たちのように、むくむくと湧いた黒ずんだ雲が吹き飛んでゆくのを見た。その夜、足りなかったのはワーグナーの音楽だけだった。

二〇一二年八月に発生した大型の北極低気圧もまた、まどろんでいた巨人・北極海が目を覚まし、紫の翼を持つ北風の神ボレアスのように気候パターンに変化をもたらさんとする徴候だったのかもしれない。

八月の嵐が作り出したこのような強風は、大気と海洋ないしは海氷表面のあいだで熱と湿気を運ぶために大変効果的に働く。この嵐を追いかけていた科学者は最初、すでに歴史的レベルに達しつつあった氷の融解を加速しているものはこの強風ではないかと考えた。

それが正しいかどうかはまだ議論の段階である。しかし大半の科学者は、北極圏で発生頻度を増している夏の嵐が海氷を砕く力を持ち、小分けされた浮氷は水温上昇とあいまって、はるかに溶けやすくなっているという点に同意している。それはさらに、シロイルカ、イッカククジラ、そして彼らの餌であるホッキョクダラにとってありがたい海氷生態系と氷縁生態系を崩壊させることになる。

ホッキョクダラは捕食者にとっては大変重要な小型の魚で、それは、レミングやホッキョククジリスがホッキョクギツネ、ホッキョクオオカミ、そしてその他のツンドラに棲む猛禽類《もうきん》にとって重要なのと同じ価値を持つ。一〇億匹近くのホッキョクダラの魚群が、北極圏カナダの北西航路への通路であるランカスター海峡で見つかっている。イッカククジラとシロイルカを養うだけでなく、ホッキョクダラは北極圏に巣を作る一千万羽の海鳥の主食でもある。科学者は、ランカスター海峡――コバーグ島から船で二日の距離――だけでも、海鳥は年間

カナダ北極圏で、シロイルカの背中に通信衛星向けの送信機をつけているところ。

二万三〇〇〇トンのホッキョクダラを食べていると推定する。一九九五年に国立野生動物保護区に指定されたコバーグ島は、カナダ北極圏東部の最も重要な営巣地のひとつだ。一番最近の計算では、島の絶壁面に三万つがいのミツユビカモメ、一六万つがいのハシブトウミガラス、三〇〇〇つがいのフルマカモメが巣を作っていた。

北極圏で巣作りをする海鳥の大半がそうであるように、コバーグ島にやってくる鳥たちは、晩春、日照時間が二四時間になって氷が溶ける頃に飛来時期を合わせている。薄くなった氷を貫いて水中に届く陽光が、藻類と動物プランクトンの発生をうながす。藻類やプランクトンは海水から二酸化炭素を吸収し、それを組織内で有機炭素に変換する。海氷の下で繁殖するオキアミとカイアシ（ケンミジンコの類）はホッキョクダラなど小魚の餌となり、この生態系の土台になっている。

この近辺の海氷は、ハドソン湾とは違ってそれほど早くは溶けない。しかし、三〇年前とくらべれば氷の春期融解は三、四週間早くなった。融解時期の早期化は避けがたく、深刻な影響をもたらす。ハドソン湾では個体数第一位の地位を、すでにカラフトシシャモがタラから奪っている。ハドソン湾に営巣するウミガラスやほかの海鳥は、夏を生き延びるための餌探しに、遠くまで飛んでいかなければならなくなった。それと同時に、シャチが侵入してシロイルカとアザラシを殺戮《さつりく》している。

ハドソン湾のウミガラスが食習慣の変化に適応し始めているにしても、コバーグ島や北極圏のほかの地域で鳥や海洋哺乳類がどのように適応しているか、全体像ははっきりしない。しかし、北極の未来を示唆するパズルの一片は、氷が減少したためにアザラシやクジラを見つけ捕獲する足場を確保することが、あちこちの海域で次第に難しくなってきているイヌイットの狩人にしてみれば、重要な関心事なのである。

生態系への影響

二〇一二年の夏はグリーンランドに住むイヌイットの狩人にとってあまりに苦しく、海氷がないためにアザラシやクジラを捕ることができなかったために家族の食事も犬の餌もままならず、彼らは犬を殺した。北極圏に住む大半の人々にしてみると、ほかの食材は高すぎる。コバーグ島から船で一日かかるグリーズ・フィヨルドの住民にとって、キャベツひと玉に一五ドル、トマト一個に四ドル、南方の食料品店でふつうに買えるリンゴ一袋に二〇ドル払うことは珍しくない。何人かの商店主は、年間のある時期には生鮮食品を仕入れるだけで損をするという。誰もそんなものを買う金を持っていないからだ。グリーズ・フィヨルドにはほんのわずかしか新鮮な食料がなく、私たちが立ち寄った店で買えたのは何箱かのコンデンスミルクだけだった。それを手持ちの缶詰と乾燥食品にまぜて嵩《かさ》を増そうというわけだ。

イヌイットは今と同様、当時も苦難に耐えていた。しかし私たちは行く先々で丁重に歓迎され、サケやマグロの缶詰ばかり食べていた私たちに、これを食べろと新鮮なホッキョククイワナをくれた。だが、グリーンランド北西部のカーナーク近くの小村で特記すべき例外的ふるまいに出くわした。一人の女性が、イッカククジラ猟を撮影しようとした私たちに抗議してきた。北極に来た南方人はろくなことをもたらさない、というのだった。

数日後、私たちのうち三人がゾディアック社製ボートに飛び乗り、バフィン島北端のアドミラルティ入江にあるイヌイットの町アークティック・ベイへ向かったときも、似たような歓迎にあうだろうと覚悟していた。何年か前にその町のイヌイットのリーダーは、自分たちの八〇〇人から成るコミュニティを観光客が訪れることを禁じる条例を制定した。その条例は、「ナショナル・ジオグラフィック」誌に載った、アークティック・ベイのイヌイットがイッカククジラを乱獲しているという記事に対する報復として可決されたのだった。

私は最初、岸辺で私たちを出迎える騎馬警官隊と地元政府の役人の姿に、最悪の事態を予期した。しかし、住民が私たちのような外部の者をいまだに警戒しているとしても、私たちが上陸してもそのような態度は見せなかった。出迎えの騎馬警官隊と役人は、私たちが誰で、どこから来てどこへゆくのかだけに関心を示した。できることがあれば何でもお手伝いしましょう、と申し出てくれた。

町を歩き回り、足を止めて私の素性と仕事を尋ねる人々と話をしているうちに、彼らのなかにある、一〇日前に成功裏に終わったホッキョククジラ猟以降の興奮冷めやらぬ気分を、多くの会話を通してはっきり感じることができた。伝統的にイッカククジラ猟で有名なコミュニティが、はるかに大きなホッキョククジラを捕ったのは初めてだったのだ。

アークティック・ベイの狩猟と罠《わな》猟の組織でマネージャーを務めるイヌイットのジャック・ウィリーによると、クジラの追跡は短時間で終わり、きれいに仕留めることができ、全長九メートルのクジラの解体も一日半で終わったという。

そのとき、ウィリーは自分の事務所で、イヌイットの猟師テマン・アヴィンガクが登録のために運んできたイッカククジラの牙数本を計測しているところだった。彼が持参したような一・八メートルを超えるサンプルは、一本当たり一五〇〇ドル（約一三万円）以上になる。二〇〇二年にナニシヴィク近くの亜鉛鉱山が永久に閉じられてからというもの、わずかな仕事しかないコミュニティにとっては大金だ。

イッカククジラは、北極圏に一年中生息する三種類のクジラ目の一種である。ほかの二種類はシロイルカとホッキョククジラだ。シロイルカより若干小ぶりのイッカククジラの雄は、もともと二本の歯だったもののうち一本、場合によっては二本が驚くべき長さに伸びて角のようになっている。アドミラルティ入江のイッカククジラは、グリーンランドで大浮氷群が分離し始める春に、その沖合へ向かって旅立つ。せまい水路が開けると、彼らは後退してゆく浮氷のあとについてランカスター海峡へ向かい、ゆく先々でホッキョクダラやカラスガレイなどを食べながら、さらにその先をめざして泳いでゆく。六月になると、アークティック・ベイのイヌイットは、イッカククジラの通行路としても、イヌイットにとっての狩猟ポイントとしても要衝であるこうした水路に浮かぶ氷の縁で、通り過ぎる獲物を何日も待ちつづける。

こうした細長い水路は、強い海流と風が氷を蹴散らすことによってできあがる。夏はホッキョククジラ猟に沸いた二〇一二年だったが、現地経済を牽引《けんいん》するイッカククジラ猟は不振の年だった。猟師たちは政府と合意した割当量である年間一三〇頭の半分しか捕ることができなかった。ふだんなら、彼らは春先に形成される浮氷の縁からクジラのほとんどを捕るのだが、海流の変化と水温の上昇で浮氷に恵まれず苦しい時期を過ごしていた。

「今年は浮氷ができないんです」と地元の経済発展担当役員のクレア・カインズが教えてく

れた。「原因は地球温暖化なのかもしれません。温暖化を否定するのはばかげてますね。変化はいたるところに見えますから。シャチがイッカククジラを襲っていますし、数日前にはホッキョクイワナではなくタイヘイヨウザケが捕れているんですから」

以前ここにシャチがいたことは知っている。二〇〇五年に科学者のクリスティン・レイドル、マッズ・ピーター・ハイデ・ヨルゲンセン、ジャック・オールはこの海域で、シャチの小さな群れが四頭のイッカククジラを襲うのを見た。だが私は、アークティック・ベイの近くで捕れた魚が太平洋から来たサケなのかどうか、実際にその魚を捕ったコミュニティの三人の一人サキアジー・カウナックに会うまで疑っていた。「何なのかわからない」と彼は冷凍見本を見せていった。「ふつうここで捕れる魚ではないから。違う魚だから。こういうことが起きたのは二年つづけて。だからとても不思議です。」

その夏、通常の回遊路から遠くはずれてきたタイヘイヨウザケを捕ったのは、カウナックだけではなかった。グリーンランド天然資源研究所の研究員たちも、私たちがアークティック・ベイに寄港したちょうどその日に、グリーンランド沖合でピンクサーモンを一匹捕っている。グリーンランドの西の海で捕れた初めてのピンクサーモンだった。

なぜタイヘイヨウザケがはるばるカナダ北極圏東部やグリーンランドまでやってくるのか、それは海流変化、気温の上昇、海氷の融解、夏の嵐などが北極圏で引き起こす珍事の一例である。

エディ・カーマックと漁業生物学者のカレン・ダンモールによれば、二〇一二年に北極の氷が溶けて最小海氷面積を記録したために新しい回遊ルートが開け、グリーンランドで捕れた魚というのはそこを通って貫北極海流に乗ったものだ、という。この海流は、北太平洋起源の海水を北極点を越えてデンマーク海峡側からグリーンランドへ運んでくる。二人によると、くだんのサケはピンクサーモンの稚魚群が生息するシベリアのレナ川から旅を始めた可能性が高いという。そこから彼らはプランクトンが多い海氷の縁に沿って、つまり貪欲に餌を食べながらグリーンランドの東側に達した。ダンモールは、その種のサケは一日に約二三・三海里（約四三キロメートル）泳げるので、約二五〇〇海里（約四六〇〇キロメートル）の旅にはおよそ一〇七日を要しただろうと推測する。

バフィン島のはずれのアークティック・ベイで捕れたタイヘイヨウザケは、おそらくカナダ北極圏西部から旅立ったのだろう。カナダ北極圏西部では過去一〇年間、コカニーマス、ベニザケ、チヌークサーモン、ギンザケ、シロザケが続々とイヌイットやデネ族の漁網にかかり、その数を増している。シロザケがカナダ北極圏西部にいることは驚きではない。コルヴィル・デルタや北アラスカのほかの川では、数年前から発見されている魚なのだ。マッケンジー川流域に住むグウィッチン族と南スレイビー族の言葉にはこの魚を意味する単語があり、かなり昔からその辺りにいた魚なのだろうと思われる。

一方、コカニーマスはカナダ北極圏西部のマッケンジー川流域に、ピース・アサバスカ・

デルタ経由で入ってきたに違いない。ほかのサケ類はカナダ北極圏のどこかで越冬したか、アラスカから移動してきた。合理的な考え方からすると、どれもこれもありそうにないシナリオに聞こえる。

しかしシロザケやほかの太平洋系のサケの数は、その種の魚の発見が北極圏では稀だったり聞いたこともなかったりした二〇〇三年以来急増しているのだ。カナダ人科学者ジム・ライストと協力して、カレン・ダンモールは北極圏の人々が捕らえているサケがどこからくるのか、突き止めようとしている。この調査に参加している人たちの報告では、二〇〇四年に四一匹のピンクサーモン、二〇一一年に一八匹、二〇一二年に八匹を捕らえたという。二〇一二年にはまた、一〇匹のベニザケ、七匹のチヌークサーモン、そしてギンザケとコカニーマスを一匹ずつ捕っている。

ベニザケ、チヌークサーモン、ギンザケ、ピンクサーモンは太平洋から流入する温かな水の流れを追ってきて、マッケンジー川から流れてくる淡水の影響を受けるボーフォート海の栄養分が豊かな水域で存分に腹をこしらえているのだと、海洋学者としての視点を備えたカーマックはいう。

北極海に流れ込むマッケンジー川の淡水がもたらす影響はとてつもなく、河口の大陸棚域の周囲六万平方キロメートルに拡散し、水深五メートル以上に達する威力を持つ。川から流入する水量は、氷が溶ける春期に最大となる。そして川の水の大部分が、海岸沿いに張った定着氷と、沖寄りに瓦礫《がれき》氷がせりあがってできた尾根状の隆起――スタムクヒという――のあいだにはさまれて滞留する。

このようにスタムクヒによって川の流れがせき止められると、カーマックがマッケンジー湖と呼ぶ巨大な淡水の溜池ができる。マッケンジー湖の水嵩が増し、川の水量が増えてくると、川の流れは滞り始め岸からあふれ出す。氾濫が生じるのは主に春だ。上手から多くの水が流れてくるが、水路は氷におおわれていて水をうまく流すことができない。激しい圧力を受けて支えきれなくなった氷は砕けて大きな瓦礫状になり、水路をふさぎ、水流が滞る。しばらくすると、上流で一気に崩れ、洪水となって押し寄せてくる。

定着氷とスタムクヒが溶けると、流れ出る水は栄養分に富む淡水のもやとなり、東のバサースト岬の氷湖へ向かう傾向がある。マッケンジー河口からコリオリの力[2]で東へ向かうのだ。おそらく、アークティック・ベイで捕れたサケは、東へ向かうマッケンジー由来のもやを追いかける前に、バサースト入江かその近辺で越冬していたのだろう。

海氷の後退は、ホッキョクダラやその他氷縁の魚にとっては好ましくないかもしれないが、カラスガレイやサバなどのほか、商品価値の高い魚に広大な未開の海域を提供する可能性を秘めている。問題は、どのようにして新種の魚が移動してくるのか、食物連鎖におよぼす影響はどうか、持続可能な漁獲を支えるだけの個体数がいるか、といった点を説明できるデータを、科学者が備えていないことだ。

ドーナツ・ホールに入り込む中国漁船

それはともかく漁業会社は、こうした気候変動・海流変化による新展開に注目している。大型漁船の出現と漁獲技術の進歩のおかげで漁業史上これまでになく、母港から遠く離れた海域でより迅速により多くの漁獲量をあげることが容易になった。たとえば中国のトロール工船にとって、南極周辺でのオキアミ漁のための一万キロメートル航行などはごくふつうになっている。こうしたトロール船は同程度の航海で、北極海中央にあっていずれの国の管轄権にも属さない、いわゆるドーナツ・ホールと呼ばれる三〇〇万平方キロメートルの海域へ達することもできる。

北極圏のこうした海域や新興資源を秘めるほかの海域が産業界によって食い物にされることを怖れ、相当数の政策アナリスト、科学者、そして商業漁業従事者までもが、このドーナツ・ホールでのモラトリアムを呼びかけることに成功した。だが北極海のほかの海域ではまだ乱獲の脅威にさらされているところがあり、より厳格な漁業管理協定が必要である。

一九六〇年代から一九八〇年代にかけてロシアのトロール船がバフィン湾とデイビス海峡でレッドフィッシュとソコダラを浚《さら》ってしまい、現在の絶滅状態を招いたという経緯があるが、懸念されるのは、将来の北極で漁業会社がそのような乱獲を繰り返さぬか、という点である。バレンツ海のタラとベーリング海のスケトウダラの両方とも、極端な漁獲圧力[3]に悩まされた。ただ、適正な漁業管理がなされたとしても、原油流出によってこうした新興資源が害されることを怖れるのは当然だ。

エディ・カーマックは川と湖と海で九〇回の実地調査をし、彼の長いキャリアのなかでおよそ二〇〇本の科学論文を発表している。初めて北極へ旅した一九六九年はウッドストックの年だったが、彼はボブ・ディランの歌を借りて北極圏の状況を評し、「時代は変わりつつある」と冗談めかしていう。[4] 彼は、新しい回遊路が開ければ新種の魚たちが北極圏へ移動してくるに違いないと確信している。彼は問う。もし私たちが現在の状況を管理できないとしたら、未来の管理などどうしてできようか?

海氷が後退し海流が変わって、未来の北極圏のある地域は栄養分に富み資源の宝庫になるかもしれないが、カーマックは、私たちが開発に躍起になるあまり、気候変動に適応しようと努めている生態系の腰を折ることになりはしまいかと案じている。ただし、競合する利権と数えきれぬ不確実性のなかで、すべての関係当事者は、未来の北極圏をうまく管理するためには、続々と現れるけれどもいまだに簡単な解決策のない諸問題に対処しなければならぬことを認識している。

こうしたことの真相は、二〇一二年にモントリオールで開催された国際極年会議の際、北極科学者のヘンリー・ハンティントンと話をしていたとき彼からじっくりと聞かされた。生態系はいうまでもなく、ひとつの種についてすらすべてを理解することはとうていできない、というハンティントンには親近感が湧いた。だから慎重にことを運ぶならば、自分の知識に対する自信がどれだけのものか評価し分析し、その上で用心しつつ行動に移すことだ、と彼はいった。

不確実性が、慎重に進めるべき理由としてではなく、往々にして開発を先行させてしまうための主張に悪用される点が問題なのだ。しかし、産業界の慣行を正すために科学が活用されたいくつかの前例がある。ハンティントンは、アラスカとユーコン準州で行なわれている漁業管理を例に出した。それは科学的手法による、不確実性による誤差をも勘案した資源量の見積もりである。これによって漁業従事者は、長期にわたって利得を確保するためには短期的な犠牲は仕方がないことを理解した。一九九七年にアラスカ州南西部のブリストル湾へ戻ってくるサケが少なかったとき、管理者たちは漁師の協力を得て、経済的には一時的に苦しくなることを承知で、漁獲量を削減した。この制限がどれほどの効果を生むのか誰にもわからなかったけれど、その地域では十分な数のサケが川で産卵し、魚群の大きさは健全なレベルまで戻り、重要かつ持続可能な水産資源の保護に寄与することとなった。ユーコン川では二〇一四年にチヌークサーモン漁を禁止したが、これが同じような効果をもたらすかどうかはまだわからない。一〇年間も減りつづけていて、一向に改善のようすがないのだ。気候変動に起因する海の変化がサケの数が減っている理由なのかもしれず、とするならば漁の先延ばしはそうした事態に対する回答にはならない。

北極圏における海流変化がもたらす広範囲にわたる影響は、海面より上で生活する私たちにとって着実に目立ってきたが、今後はより大きな変化をもたらすだろう。私たち自身も、このヨットの旅の最終日に痛々しいシーンを目撃した。霧が漂う寒い朝早く、イッカククジラの大集団がヨットのかたわらを通過した。どうやら、獲物に襲いかかろうとしているシャチの群れから逃れようとしているらしい。その頃には身を切るような東風がやみ、骨までしみる冷たい霧がようやく晴れようとしていた。だが、その直後、昇り始めた太陽のかすかな明かりに照らされたものはシャチの群れではなかった。それは、バフィン島のメアリー川へ向かって西へ航行する二隻の巨大な貨物船だった。ヨーロッパを本拠地とする巨大鉄鋼メーカー、アルセロール・ミッタルが、バフィン島で二〇三五年までに一八〇〇万トンの鉄鉱石を生産しようとしているのだ。

この海域では昔のように氷が障害物になることはなくなったため、以前イッカククジラとシロイルカが冬の住処《すみか》と夏の住処を往来するのに使っていた海路を通って、鉱山会社と海運会社がやってきた。軍隊もこれにつづいた。

バフィン島のポンド入江に係留する地元の漁船にまじって錨を降ろしているのは、カナダの軍艦と米国沿岸警備隊の船だった。翌日気がついたことだが、両船の乗組員は町を闊歩《かっぽ》し、住民と握手を交わしていた。いずれイヌイットの人たちは、似たような船をもっとたくさん見るようになるんだから慣れておきましょう、といわんばかりの印象を受けた。とはいうものの、住民は軍艦のほうにあまり関心を向けず、むしろその周辺でイッカククジラとシロイルカを襲っていたシャチの三つの群れのほうに気をとられていた。

「一週間前のことだけど、西のあっちのほうでね、ここの猟師らがイッカクを捕獲したんだ」あるイヌイットの男性にシャチのことを尋ねると、彼はこう答えた。「船にイッカクをあげようとしてるとシャチが追っかけてきてイッカクの牙にかみついた。何千ドルにもなる牙だからね、猟師らは尻尾のほうを引っ張って取られまいとした。だけどシャチのほうが強すぎて、結局かっぱらわれちまった」

私に理解してもらえたかどうか忖度《そんたく》するふうにしばし沈黙したあと、老人はひょいと肩をすくめた。

【注釈】

【1】ノルウェーの探検家、政治家。フラム号で北極を探検し、一八九五年に北緯八六度一四分の地点まで到達。

【2】地球の自転の影響で働く慣性の力によって、北半球では北へ向かうものは東へ転向する力を受ける。

【3】漁獲が水産資源の持続性に与える影響の大きさ。

【4】ボブ・ディランのヒット曲「Things Have Changed（時代は変わった）」のもじり。

第3章

北極の暴風

——ニュー・ノーマル

ロシア・チュコタの人々。衣食を北極圏の海洋哺乳動物に依存している先住民族にとって、自給のための狩猟はますます難しくなるだろう。 写真：著者

ニュー・ノーマル…リーマンショック後の様変わりした国際経済を「新たな常態」と呼ぶ皮肉な表現。

異常気象

二〇〇〇年の夏、カナダ国立公園の管理人アンガス・シンプソンと彼の仲間は、アラスカとの州境に近いユーコン準州の北海岸沿いでキャンプをしていた。沿岸の遺跡調査をしていたのである。そのとき海はまったくの無風だったが、ボーフォート海の上に広がる青インクのような空の向こうに、こちらへ向かってくる嵐の徴候がはっきりと見て取れた。眠りにつこうと横になって一時間かそこいらののち最初の突風が一撃し、彼らのテントは完全に潰され、船の狭苦しい部屋に避難せざるを得なかった。

それは、二〇一二年に猛威をふるった巨大なサイクロンがやってくる以前では、アラスカ、ユーコン準州、ノースウェスト準州の一部の人々にとって最悪の嵐として記憶に残ることになる夏の序章だったのである。二〇〇〇年のこの大嵐が頂点に達したとき、北極海沿岸の低地にキャンプを張っていた数十人のイヌイットたちは、やむなくヘリコプターで救助された。同じ低地ツンドラの別の場所にいた公園管理人たちは、三・六五メートルの高波を突いて四、五キロ離れたハーシェル島にある管理人小屋に退避するために、悲惨な航海を強いられた。

川下りをしていたアメリカ人から緊急衛星電話がかかってこなければ、シンプソンと仲間たちはハーシェル島で安らかに休息することができただろう。そのアメリカ人はアラスカから流れてくるファース川の河口でたった一人、窮地に陥っていた。彼がキャンプを張った砂《さ》嘴《し》全体が、高波と暴風であおられた海水によって急速に水没しつつあったのだ。その夜シンプソンたちはアメリカ人を救助するため、危険を顧みず荒波のたつ海原へ向けて舵を切った。

私はそのときの嵐をよく覚えている。というのも、私はその気象状況の北端にいて、生物学者たちが北極諸島の絶壁に巣ごもるハヤブサとケアシノリスを見つけるのを手伝っていたからだ。嵐に襲われたとき、私たちはツンドラの端の砂地でキャンプをしていた。長くはつづかぬ嵐だったが、耳をつんざく雷鳴と目をくらます雷光をともなって襲いかかってきた。そんな雷雹まじりの嵐を知らぬ何十頭ものジャコウウシは、近くの谷間で草をはんでいる途中だったが、恐怖襲来の方角を見定めることができず、ある方向へ突進したかと思うと今度は別の方向へ暴走した。

風に巻きあげられた大量の砂が視界を閉ざし、一メートル先しか見えなくなった。ツンドラの野鳥観察者というよりは砂塵のなかの戦士といった有様で、最初の夜にできたのは小さなテントが風に飛ばされないよう奮闘することだけだった。数日後に見つけた鳥の巣がどれひとつとして壊されていなかったのは、奇蹟《きせき》に近い。

二〇〇〇年の嵐は八月一〇日、アラスカ沖合で動き出した。時速九〇キロメートルの速度を持続していたが、ときには突風が一〇〇キロメートルかそれ以上の瞬間速度に達した。あまりの急襲に、アラスカ州最北端の都市、バロウ市の緊急事態管理チームは嵐の到来前に土《ど》嚢《のう》を積みあげる余裕がなかった。

バロウ市では強風によって浚渫《しゅんせつ》船が一隻沈み、四〇棟の建物の屋根が引きはがされ、接岸ランプが流れ去り、損害は七七〇万ドル（約六・五億円）に上った。人口がもっと多かったら、それだけでは済まなかっただろう。

嵐がユーコン準州とノースウェスト準州の沿岸地帯を破壊しまくって通過した頃、ハーシェル島にある歴史的な捕鯨集落の跡が水没し、何カ所かの遺跡が海へ洗い流され、ノースウエスト準州のツクトヤクツクというイヌイットの集落は、沿岸が侵食されたためにあと一〇メートルで海に落ちる窮地に追い込まれた。カナダ総督によるサックス港公式訪問がキャンセルされた。代わりにカナダ総督は、ヴィクトリア島にあるイヌイットの小集落ウルカクトゥック（旧称ホルマン）で一晩難を避けることを余儀なくされた。

夏には高気圧に恵まれ、海氷も夏半ばまでは溶けずに残るカナダ北極圏西部で、多大な被害をもたらす夏の嵐は比較的稀だった。海面をおおう海氷のせいで、大量の熱が大気中へ照り返されてしまい、北極低気圧が育つために必要な一定量の水蒸気がたちのぼるのに十分な広さの海面がなかったからだ。

季節によって北極海の氷がなくなるわけだから、北極の状況が変化しないほうがおかしい。シャチやタイヘイヨウザケが北極海へ移動するようになった「ニュー・ノーマル」な状況下、気温の上昇と海氷の消滅は、これまで秋に発生していた嵐を誘発することになる。

海岸線で防波堤になっていた海氷がなくなったり、あってもわずかという状態だから、嵐にあおられた高波が数キロメートルも内陸に押し寄せ、コミュニティを水没させ、湿地帯の息の根を止め、すでに河岸と海岸線で侵食されつつある永久凍土の融解を早めることになる。

気候学者のスティーヴン・ヴァヴラスは、北極がすでに嵐時代に入ったとは思っていない。しかしウィスコンシン大学マディソン校気候研究センターで働く彼とその同僚たちは、二〇一三年に出版した研究書のなかで詳しく述べているように、一八〇〇年代から北極全体で海面気圧の低下がつづいていることを証明するために、歴史的データに基づく気候モデルを使った。「北極の平均海面気圧の変動傾向と強力な北極低気圧の発生傾向についてシミュレーションをしてみたが、決定的なことはいえない」とヴァヴラスはいう。「ある地域において嵐が発生しやすくなっているということはいえるが、現時点までの変化の度合いは、将来の予測にくらべるとわずかなものである」

高波

最近のできごとから、暴風がますます吹きすさぶ未来について何か学ぶとしたら、それは高波の恐怖である。一九七〇年の比較的小ぶりの嵐は内陸数キロメートルまで高波を吹き寄せ、カナダのマッケンジー川のナビゲーションタワーを整備していた二人の男性が死んだ。もうひとつは一九四四年の夏、マッケンジー・デルタ河口にあるツクトヤクツクの海岸沿いのかなりの土地が海岸に沿って細長く削り取られた。その日現場にいた二人の男性は、隣の運送会社の倉庫がぐらりと動いたかと思うとさらに二度位置をずらし、ついには高波が海のほうへさらってゆくのを、茫然《ぼうぜん》と眺めていた。彼らにいわせると「ゆうゆうと埠頭《ふとう》を越えて島のほうまで流れて行った」。

男性の一人は、流れてゆく倉庫が島に激突してこなみじんになる前に、ストーブの煙突から「景気づけの汽笛」でも鳴らしてくれまいかと期待したのだが。

「あんなシーンは誰も想像できないだろう」とハドソン湾会社の社員が書いている。「ディーゼル油のドラム缶、ガソリンのドラム缶、灯油のドラム缶、満タンのや空っぽのがぶつかり合い、犬や遊歩道の板張りや荷揚げ場と木材のすべてが流され、海水が店と倉庫のなかに流れ込み、ついには住居のほうまで浸水してきて、私たち二人は八面六臂《はちめんろっぴ》でがんばったけれど、しだいにどうしたらいいかわからなくなってきた。倉庫も店も家も内部は三〇センチまで水が来ていた。太さ三センチのロープを家の周囲に回して外に出ると、家と店のあいだの水の深さは胸くらいまであった」

その当時と今との差異は、海面の上昇、海岸線の沈下、海氷の後退によって暴風にあおられた高波が、昔よりも内陸の奥まで到達する可能性がある点だ。そうなれば、塩水の浸入によって取り返しのつかない損害を与えかねない。ツンドラの植物を枯らし、淡水生態系の息の根を止めるレベルから、先住民が住むコミュニティの足もとの土を洗い流すことになる土地侵食を加速させるレベルまで、その影響の幅は広い。こうした嵐がどれほどの災禍を招くのか、それを知ることは未来の北極圏における人間と野生生物両方にとって重要な生存環境を理解する鍵となる。

高波は、風が浅瀬の表面を長い距離にわたって吹き抜けるときに発生する。風力が水の層の最上部を持ち上げて、海岸のほうへ引っ張ってゆく。高波が特別危険なのは、カナダ北極圏西部と北極圏ロシアに見られるような低地沿岸の浅瀬で満潮時に発生した場合である。

そうした場合、海岸のほうへ引きずられてゆく海水は、海底へ沈み込む余裕などないまま浜辺に打ち寄せる。ほかに行き場のない海水は、洪水ないしは大波として陸地にせりあがるしかない。これが二〇一二年、ハリケーン・サンディが米国の北東海岸を襲ったときの現象だ。推定五〇〇億ドル（四兆二五〇〇億円）の損害の主因は風ではなく、高さ四メートルの津波のような海水が内陸に押し寄せ、地下鉄、空港の滑走路、六五万戸の住宅を水浸しにしたのである。海抜二メートルしかないカナダ北極圏西部の最低標高地ならば、このような波はサンディのときの津波よりもはるかに速く内陸を襲う。二〇〇五年、二〇〇六年、二〇一一年にユーコン・カスコクウィム・デルタを襲った三つの嵐は、それぞれ内陸部三〇キロメートル、二七キロメートル、三二キロメートルまで到達する洪水を引き起こした。マッケンジー・デルタの内陸二〇キロメートルまで浸入した一九九九年の洪水は、一三〇平方キロメートル以上の植物を枯らした。

一九九九年の大波は、北極圏沿岸のその地方で前代未聞の大被害をもたらした。科学者たちは、大波のあと一年以内にハンノキの半数以上が立ち枯れているのを発見した。残ったもののうち三七%は、その後五年以内に塩害でしなびてしまった。内陸部のある湖では親塩性の藻類、ナビクラ・サリナルムが劇的に増加したが、これは洪水の影響を受けた淡水域が、増殖性の低い新たな生態系へ遷移したことを示している。

「あの辺りはまだ大部分が死んだままです」と科学者のスティーブ・コケイジはいう。「塩水の浸入で湖と土地の化学的性質が根本的に変わりました。わずかながらの真水の流入で回復する動きはあっても、かつてそこにあったものの代わりにはなりません。野生生物がこうむったインパクトを調査する機会には恵まれませんでしたが、地元のイヌイットの猟師たちは、もうこの地域ではヘラジカとガンが昔のように姿を見せなくなったといってました」

マッケンジーとユーコン・カスコクウィム・デルタで猛威をふるった高潮は、特に内陸へ浸入した距離を考えると、例外的なものに思われるかもしれない。しかし海面が上昇して嵐の勢力が強まり、カナダ北極圏西部が文字通り沈下しているわけだから、同じような嵐が常態化するのは時間の問題だ。ハドソン湾の西側が、何万年にもわたってものすごい重量の氷河に押しつぶされてきた地表が反発して隆起しつつあるのと違って、軽い氷河におおわれていたカナダ北極圏西部、アラスカ、北極圏ロシアは海面上昇にともなって沈みつつある。

昔は、夏に入っても溶けなかった海氷のおかげで、北極圏沿岸の低地海岸線は大波に襲われずに済んでいた。大波が勢いをつけるためには海の表面層を長距離にわたって風が吹き抜ける必要があるが、たとえば沖合に浮氷があった時代には露出した海表面がせまかった。海岸に近づくと、定着氷やスタムクヒが大波の力を削ぐことが多かった。

一九七〇年の高潮が、以前のにくらべて大した被害をもたらさなかった理由のひとつは、海氷が多かったせいだろう。嵐の発生までの経緯を追った科学者たちは、二〇キロメートルまでの沖合で、場所によっては海面の一〇%から五〇%以上をおおった流氷の存在が、観測値三メートルという比較的小ぶりの波で収まった理由だろうと指摘した。

このような比較的温かく塩分を含んだ海水は、上陸したのちカナダ北極圏西部の沿岸土壌の五〇%から七〇%を占める部分との接触で、事態をより悪化させる。そこは凍結した水から成り立っており、コロラド大学ボルダー校の地質学者のロバート・アンダーソンは「汚い氷山」と呼んでいて、温かい水と接触すると崩れて海のなかへ滑り落ちる。

アンダーソンと他の研究者たちは、北極海がしだいに無氷状態になるにつれて、高潮は北極海盆のずっと広い範囲に影響をおよぼすだろうと考えている。そこには何千キロメートルにもおよぶロシアの長大な北極沿岸が含まれる。

ドイツとロシアの同僚たちと共同して、ドイツのアルフレート・ヴェーゲナー研究所のフランク・ギュンターは、東シベリアの海岸侵食の原因を調査している。二〇一三年に彼と同僚たちは、侵食を悪化させたのは急激に上昇した夏の気温であるというレポートを発表した。

たとえば一九五一年から二〇一二年のあいだに、同地域で気温が氷点を超えた日は年平均一一〇回あった。二〇一〇年と二〇一一年には一二七回。記録の上で北極が一番暖かかった年、二〇一二年には一三四回あった。

過去二〇年間で、氷のなかった日数は平均すると年間八〇日。二〇一二年には九六日あり、すでに進行中だった侵食を加速させる結果になった。

ギュンターは、今世紀中いつかの時点で、シベリアの港町ティクシの東に位置するムオスタク島は、複数部分に割れたあとすっかり消えてしまうだろうと予測する。

今でも何十万トンという植物・動物・微生物由来の炭素が、侵食されつつあるすべての海岸沿いから海へ流れ出している。そうした物質は、永久凍土のなかに閉じ込められていたのである。ギュンターたちは、この加速された侵食が北極海の化学的性質に影響を与えるだろうと予測している。炭素はいったん水中に入ると二酸化炭素になり、その結果、海洋の酸性化につながる。

カナダ北極圏やアラスカでも筋書きはほとんど同じだ。米国地質調査所ＵＳＧＳのベンジャミン・ジョーンズは、彼の監視してきたアラスカの海岸線が、一九五五年から一九七九年にかけて年平均六・八メートル後退していることを最近発見した。それにつづく二三年間に、その後退速度は二八％増加している。ジョーンズが研究していたアラスカの低地海岸線は、二〇〇二年から二〇〇七年にかけて年間一三・六メートル後退し、二〇〇八年から二〇〇九年には二五メートル後退した。

こうした後退がもたらす悪影響は、ユーコン川やマッケンジー川のような北極圏の大型河川のはるか上流で生じている永久凍土の急速な融解とあいまってより深刻になっている。スティーブ・コケイジと彼の同僚たちは、ユーコン準州からノースウエスト準州を通ってマッケンジー川へ流れ込むピール川の河岸のすさまじい地崩れを記録した。これら河岸の崩壊は、魚にとっては致命的、北方へ移動してきてツンドラの生態系のある部分を席巻している侵入植物にとっては好ましい方向へと、川の化学的性質と河岸の土壌を変えている。

気候変動難民

これらすべての変化は、北極圏の生態系のみならず、イヌイットのコミュニティにも影響を及ぼしている。二〇〇六年、私はカナダの海岸地質学者、故スティーブ・ソロモンの現地調査に同道した。彼はあるコンピュータ・モデルを持参していた。それは二〇〇〇年に起きたような強烈な嵐が、海水面が今より高くなっているであろう二〇五〇年にツクトヤクツクの村を襲ったらどうなるかをシミュレートするものだった。そのような規模の嵐は、コミュニティの多くの場所を浸水させるばかりでなく、空港へのアクセスをほぼすべて遮断し、飛行機による避難が必要な場合、それを不可能にしてしまう。コミュニティへの真水の供給もできず危機的状況になる。

危険にさらされるコミュニティの数がずっと多いアラスカでは、見通しはさらに深刻だ。たとえば米国陸軍工兵司令部USACEは、海岸と河岸に面した少なくとも六〇のコミュニティが侵食の危機にさらされており、予防の事前工事をすると数千億ドルかかるだろうと推定している。そのなかで最も有名なのがベーリング海峡近くにあるシシュマレフの町だ。六二五人のイヌイットからなるこの町は、ジャーナリストたちが名づけた「気候変動難民」の町ということになっているが、まだ住民は移動を強いられているわけではない。

海水面上昇と沿岸侵食の最前線に立たされた町、と表現されることが多く、この島は毎年一・五メートルから三メートルの海岸線を失いつつあり、強い嵐に襲われた年には三〇メートルも失うことさえある。

長年にわたって、町を補強しようという試みがいくつもなされてきた。二〇〇四年には、米国内務省インディアン管理局BIAが先住アメリカ人の土産物屋近くの海岸線を守るために長さ六〇メートルの防護壁を設置した。その翌年、USACEがBIAのプロジェクトにつなげるかたちで、シシュマレフ・スクールを守るために七〇メートルの防護壁を東へ延長した。同じ年、シシュマレフのコミュニティがUSACEのプロジェクトのさらに東へ七五メートルの保護壁を設置した。コミュニティ補強の最新プランは、二五〇〇万ドル（約二一億円）かかる予定だ。しかしながら、こうした投資から長期的リターンは期待できない。U

SACEは二〇〇九年に、シシュマレフでの「使用可能な土地の完全な喪失」は、二〇一九年までに起きるだろう、と表明した。最高に楽観視しても、コミュニティが現在の場所に存続できるのは二〇三四年までだ、ともいう。

温室効果ガス排出の制限以外には、海岸と河岸に面したコミュニティが直面する侵食問題に対処する方法はあまりない。当局が土木工事に頼った解決方法に大金をかけるか、コミュニティ全体を海抜の高い安全な場所へ移転させるかというチョイスはある。シシュマレフの場合、ある見積もりによると、移転にかかる費用は一億八三〇〇万ドル（約一五六億円）になるという。

長期的観点に立てば、移転というのが現実的かつ費用対効果が高い選択肢かもしれないが、多くの先住民、とりわけ過去に移住を強制されたことのある家族にとってはデリケートな問題だ。カナダ北極圏のエルズミア島とコーンウォリス島のイヌイットの例に見られるように、彼らの移住は不幸な結果に終わるか、傷が癒えぬままになるだろう。

北極圏の住人を移住させる慣行は一九世紀末に始まった。その頃、捕鯨業者と毛皮商人は酒やタバコや小間物でエスキモー、イヌイット族、ネネツ族、チュコトゥカ族を誘惑し、彼らをコントロールしやすい通商の中心地へ移住させた。当初は多くの先住民たちが喜んで移住したようだが、結果的には苦しむことになった。まずは多くの人たちが病気とアルコール依存症にやられた。次いで、北極圏の野生生物を山ほど捕りまくった捕鯨業者と毛皮商人が立ち去ったあと、多くのコミュニティは放棄されるままになった。

これにつづく数十年、北方の先住民移住はずっと組織的かつ過酷になってゆく。北極圏ロシアでは、クジラやセイウチを捕っていた村が、鉱山開発や軍事基地設置のため、また国営のトナカイ牧場、漁業集団組織、鉱山、運送プロジェクトで使役する低廉労働力源として追い立てを食らった。そういうときは必ず家族がばらばらになり、子どもたちは往々にして親の希望に反して寄宿学校へ送られた。多くの子どもたちは、二度と戻ってこなかった。

カナダとロシアにいた人々だけが、強制移住を余儀なくされた北方先住民だったのではない。グリーンランドでは、一九五〇年代にデンマーク政府がさまざまな理由のもと、いくつものイヌイット・コミュニティを移住させている。たとえば一九五三年にはトゥーレの村全体が、米軍基地建設の場所確保のために北一〇〇キロのところへ移転させられた。

公共政策決定に際して使われたこのパターンは、何十年にもわたって繰り返されてきた。主権問題や安全保障問題、そして経済上の優先事項などが前面に出てくるときまって、環境保全や北極圏に住む先住民に関する文化的関心がおろそかにされる。

北方に住む先住民たちに十分情報を提供せず、彼らと協調してこなかったことが、マッケンジー・デルタのアクラヴィックに住む人々を新しい近代的な北極圏の町、イヌヴィックへ移住させようとした計画がうまく行かなかった理由のひとつである。深刻な侵食、洪水、下水処理の問題から解放されるとなれば、できたばかりの新しい町への移住は好都合ではないか、と当時のカナダ政府の役人たちは考えた。ところがアクラヴィックの住民は、ことが決定済みとなったあとになって初めて、この政府提案を地元のラジオ放送を通じて耳にしたのである。「最後まであきらめるな」という町のモットーに忠実に、彼らの多くは移住の日がきても町を去ることを拒んだ。それ以降、アクラヴィックの人たちは、再び幾度かの洪水に苦しい思いをしたが、依然として誰一人去る者はいない。

失われる野鳥生息地

だからといって、この人たちが気候変動がもたらす脅威と挑戦に無関心なわけではない。数年前、このコミュニティは、長老格や猟師たちが陸上・水上の現場でじかに目にしている気候変動の影響を聞き出そうというプロジェクトに着手した。返答してくれた人たちは、春の氷の融解が前よりも早く始まり、秋の凍結がずっと遅くなっていることに気づいている。デルタではたくさんのヘラジカを見るが、カリブーはぐんと少なくなっている。カリブーは餌を見つけるのに苦労しているのだろう、と彼らは考えている。ほとんど全員が、天候の予想が大変に難しくなっているという点で一致していた。

地元で自発的に始まったこのようなプロジェクトは、北方の先住民の科学者や政策立案者に対する信頼感の醸成に役立った。グウィッチン族居住地の一部であるユーコン準州北部にオールド・クロウという小さな町があるが、そこに住むヴァントゥット・グウィッチン人たちはしばらく前から、気候変動が彼らの存在そのものを脅かしていることに気づいていた。カリブーの頭数が減少し、ある種の鳥も数を減らしたり、オールド・クロウ湿原にある二五〇〇もの湖の多くが干あがり始め、その化学的性質を変えている。彼らが目の当たりにしている変化に対する解決策を求めて、コミュニティのリーダーは水文《すいもん》学者[1]、永久凍土の専門家、野生生物の科学者に門戸を開き、回答を得るための協同作業を始めた。

　しかし回答の多くは満足のゆくスピードで手に入らない。ひとつには北米における北極圏研究に関する政府の財源が、ノルウェーやドイツのような国と違って不十分だからだ。カナダ北極圏の監測システムは、観測所の数が少ないだけでなく、とびとびにしか配置されておらず、自動化が進んでいるので、現場で実地観察をする人が少なくなっている。それはまた、非常に少ない現場からせっかく集められてきたデータが、分析されぬままになるおそれがあることを意味している。

　重要な研究は、今もまだ地域立脚型北極圏研究所 Arctic Institute of Community-Based Research のような組織で行なわれている。同研究所は課題のひとつとして、ユーコン準州、ノースウェスト準州、ヌナヴト準州の先住民にとって気候変動が何を意味するかに焦点を合わせている。だが大半のケースでカナダ政府は、気候変動がコミュニティと生態系にもたらす長期的脅威より、経済開発のほうを優先している。

たとえば、ツクトヤクツクの小村が海のなかへ沈みつつあるにもかかわらず、そこを南方のコミュニティとつなげるために全天候型の砂利道に三億ドル（二二五五億円）以上の金がかけられている。政府自身のひとつの試算によると、コミュニティがそこから得る経済的利益はささやかなものだ。運送費の節約で一五〇万ドル（約一億三〇〇〇万円）と観光客がもたらす年間二七〇万ドル（約二億三〇〇〇万円）の収入。

同投資の最大の受益者はエネルギー生産者たちで、マッケンジー川に沿って天然ガスのパイプラインが敷設されることになれば、向こう四五年間で三億八五〇〇万ドル（約三三〇億円）の運送費削減を享受できることになる。

道路もパイプラインも占有地[2]に関する議論を超え、それが環境におよぼす影響が問題になってくる。一六〇億ドル（約一兆四〇〇〇億円）をかけてパイプラインが敷設されれば、パイプラインを提案したインペリアル・オイルとシェル・カナダの二社は、ケンドール・アイランド鳥類保護区内にあるタグル・ガス田とニグリントガック・ガス田の開発を進めることになる。その保護区は、マッケンジー・デルタにいる一〇〇種類以上の渡り鳥の営巣地なのだ。

海抜一・五メートルの保護区は、すでに海水面の上昇に対し脆弱《ぜいじゃく》な状態にある。北極海から高潮が押し寄せ、過去に開削された作業道はその路網が長期的に動物の生活に悪影響を与えている。産業界ですら保護区からの天然ガスの採掘は――資源会社は野生鳥獣保護区での開発を許可されてはいるのだが――地盤沈下を招き、保護区が今以上脆弱になると認めている。ある研究によれば、海水面が上昇し北極の嵐が勢力を増すと、どう転んでも一二平方キロメートルもの鳥の生息地が失われるだろうという[3]。

砂利道敷設のために投資されている三億ドル（二五五億円）は、海水面が上昇し、嵐が増え、永久凍土が融解するカナダ北極圏西部に起こったさまざまな問題に答えるための研究財源として役立ったはずだが、カナダ政府はそのような未来への投資はせずに、北極科学への予算割り当てを減らしつづけている。二〇一二年には、カナダ気象ならびに大気科学基金への資金援助を打ち切った。同基金は、それ以前の一〇年間に一億ドル（八五億円）以上の研究費を提供してきたのである。また新しい北極研究基地の建設にコミットしていながら、十数カ所ある既存の北極研究基地の運営継続を助けるプログラムへの拠出をやめてしまった。

カナダのスティーブン・ハーパー首相（当時）率いる保守党による環境規制や環境監視、科学研究を相手取っての攻撃は、左右を問わず政治評論家たちから前代未聞と形容されたが、そのような状況では環境関連の財政支援が息を吹き返す余地はありそうになかった。二〇〇六年に政権についたハーパーは、気候変動に関する京都議定書のことを「富を生み出す国から金をまきあげる社会主義者の策謀」とあけすけに表現したが、彼は環境規制の執行、環境監視、環境研究をことごとく骨抜きにし、それと同時に問題含みのオイルサンドの開発を後押ししたり、大規模パイプライン敷設を支援したり、エネルギー産業への補助金を増やしたりした[4]。彼は毎年北極圏へ出かけているが、そこが世界のどこよりも気候変動の影響を受けている事実を認めることさえしない。

彼とその政府は、気候変動問題が絶対に政治問題にならぬよう、あの手この手を尽くしてきた。北極圏における気候変動についてカナダ環境省の科学者と話そうとすると、いつも決まって、メディアと接することを許されていないので研究内容については話せないという。話してもいいという者は自宅の電話番号を教えてくれ、内容を口外しないことという条件が付された。これだけでもひどい話なのだが、二〇一二年にモントリオールで開催された国際極年会議に工作者(ハンドラー)を送り込み、政府代表が立ち会って会話の内容をチェックできる状況になければ、カナダ環境省の科学者がメディアと言葉を交わさぬように手配したのである。

カナダは米国の経験から学ぶことができる。北太平洋調査委員会と国立科学財団は二〇〇七年から二〇一二年のあいだに、ベーリング海に関する広範な問題を研究していた一〇〇人以上の科学者に対し、五二〇〇万ドル(約四四億円)を付与した。彼らは風速、気温、降水、放射などの大気強制力から海洋物理学、そして変わりつつある生態系が人類と経済におよぼす影響まで、あらゆる問題を対象にしている。ごく最近では、米国内務省魚類野生生物局FWS、米国地質調査所USGS、米国商務省海洋大気庁NOAA、そして大学の科学者たちは、北極圏の天候と気候変動がコミュニティや渡り鳥の生息環境、そしてここ数年極端な悪天候がふつうになってしまった米国の中緯度地方に与える影響をよりよく理解するための、いくつもの先駆的取り組みを立ちあげた。たとえば二〇一四年には、NOAAがアラスカの海洋・沿岸資源の管理・監督を改善し、海氷と天候予測の精度を高めるための五カ年計画に着手した。また別の例として、USGSは、一〇年ごとの海岸侵食の進行度、高潮の頻度および規模、永久凍土および淡水湿地帯への塩水浸入がもたらす影響、そしてこれらの環境変化が鳥類と野生生物にもたらす結果などを測定するための新規構想に取りかかった。

USGSの野生生物学者であるクレイグ・エリーはユーコン・カスコクウィム・デルタで鳥の調査を行なってきたが、活動の一例として、気候変動シナリオのもと、デルタに棲む鳥のうちどの種類が勝ち組になり負け組になるかを突き止めようとしている。負け組が危機にさらされたり絶滅寸前になった場合、自家消費ならびにスポーツとしての狩猟を制限する、あるいは最も危機に瀕している生息地を保護する手段を取るべきだと彼はいう。

ある意味で、未来へ向けての行程表は、アラスカにある三つの景観保全協同組合が取り組んでいる仕事によってスタートした。いずれのケースでも、気温上昇にともなって景観がどう変わるのか、その予測を可能にする生態系モデルを開発・適用するために、地元コミュニティが科学者たちと協働している。USGSとアラスカ気候科学センターに属するデイビッド・マガイアのような科学者たちは、海岸侵食や氷河後退からツンドラ火災・森林火災まですべてを対象にし、それらが水文学、生物種の移動、樹木限界線の北上、植物相の変化になどのような影響をおよぼすのか、注目している。

理屈上、このような生態系モデルは、土地資源管理者、自給猟師、沿岸コミュニティが、道路・家屋・パイプライン・鉱山・空港の滑走路などの建設に際し、詳細情報を得た上で決断すべきときの助けとして使われる。また森林火災への対応策樹立や、魚や野生生物などの獲物の持ち帰り規制を定める際の一助にもなる。

事態を大局的にとらえて危機に瀕しているものを考慮するならば、高くつく投資ではない。ツクトヤクツクの道路建設にカナダ政府は三億ドル（約二六〇億円）をかける。一方、ノースウェスト北方樹林景観保全協同組合、USGS、アラスカ気候科学センター、西アラスカ景観保全協同組合が手がけるアラスカのための統合生態系モデル作成と運営に、パイロット・プロジェクト段階の二〇一〇年から二〇一五年までの費用は三〇〇万ドル（約二億六〇〇〇万円）未満である。このプロジェクトは最終目的に達する二〇一六年八月までに、さらに追加費用を必要とするのであるが。

当たり前の話だが、何か行動を起こそうとしても時間は刻一刻と過ぎてゆく。北極圏で急展開中の事態によって、海水面上昇、海岸侵食、内陸深くどんどん攻め寄せる強烈な嵐に対してなんらかの有意義な手を打たなければならぬ政策立案者の能力は、たちまち潰えてしまう。北極圏温暖化のスピードが気候モデルの作成者たちが以前予測していたより速くなっているだけでなく、石油やガスの開発と商業輸送に扉を開いたことによって、北極圏の状況はますます複雑化するだろう。

問題は、本質的にどの政府もリスクを嫌うことだ。例外はたぶん、北極圏での石油やガスの開発促進に夢中になっているときだけだろう。ツクトヤクツクへ至る道路は、その下の永久凍土が今後数年間で融解するにともない崩壊するかもしれないが、パイプラインはその頃までに完成している公算が大きい。その一方で、高潮が招き寄せる海水の浸入は、コミュニティと無数の鳥が営巣する湿地帯を破壊するだろう。経済的観点と環境的観点の両面から考えても、高くつく未来の危機を回避し対処するための現段階でのわずかな金額の投資は、はるかに道理にかなっている。

【注釈】

【1】地球の水循環について研究する地球科学の一分野。

【2】パイプ施設のために占用する帯状地。

【3】参考文献 Environment Canada (November15-16,2006) :Mackenzie Gas Project Enviromental Assessment Review Written Submission

【4】石油を含んだ砂。油分を抽出して原油にする。カナダの原油生産の相当部分を占めているが、温暖化ガスを大量に排出するとして、批判もあびている。

第4章
北極のるつぼ

2012年にメルヴィル島で発見されたハイイログマとホッキョクグマの雑種。その春に、三頭のハイイログマとまた別の雑種を目撃したが、それほどの高緯度でのクマの群れは前代未聞だった。

写真:ノースウェスト準州政府環境天然資源局ジョディ・ポングラッツ

南から来る生物たち

二〇一一年の晩夏、高緯度北極圏にあるバンクス島の北岸に沿って科学者のジョン・イングランドとハイキングをしていたとき、掘ったばかりのクマのねぐらに出くわした。北極圏のその地域でねぐら作りをすることで知られたホッキョクグマの一頭なのだろうと思った私たちは、跡をつけられていないことを確かめながらぐるりと円を描いて引き返した。樹木のないツンドラのどこにもクマの気配はなかったけれど、穴掘りをしていた生き物が残したばかりの足跡は見つけることはできた。ところが、それはホッキョクグマの足跡ではなかった。明らかにハイイログマのもので、おそらくはイングランドが数週間前、バンクス島の北西岸沖合の小さな丸坊主の島の上空を飛んでいたときに見たというクマだろうと思われた。

この茶色のクマが、白い従兄弟クマの王国の最北端までやってきて何をしていたのか、不明な点が残る。季節と凍りついた丘の脇腹にこれだけ大きな穴を掘るのに費やした努力とを考慮すると、そのクマには、はるばるやってきた五〇〇キロメートル南の大陸へ歩いて帰る意図のないことは明白だった。

その夜ヘリコプターでキャンプ地のテントへ戻る道中、イングランドは、数週間前に小島で見たクマがまだ同じ島にいるかどうか突き止めたいという考えを捨てきれずにいた。いないとわかったとき、私たちは特に驚かなかった。その代わり、一頭の雄カリブーがいた。た

科学者のマーク・エドワーズが、北極海沿岸で捕獲したハイイログマの抜歯をしている。

ぶん、バンクス島に泳ぎ戻ったクマにびっくりしたか追いかけられて、小島まで泳いできてしまったのだろう。眼下のフットボール競技場二つ分もないホットケーキみたいな小さな島で、カリブーはとても孤独でとんでもなく場違いに見えた。

カナダ北極圏西部では、ツンドラに棲むハイイログマは珍しくないが、二〇年くらい前まで北極諸島で彼らを見かけるのはきわめて稀だった。この自然の珍事が起きたのは、クマがたまたま進行方向を間違えたか、それともカリブーを追いかけているうちに道に迷って遠くまできてしまったからだろうと多くの生物学者は考えた。大陸のカリブーは、ときどき海を渡って北極諸島へ来ることがあるのだ。だが最近、もっと多くのハイイログマやアカギツネ、タイヘイヨウザケ、シャチなどが、これまでずっとホッキョクグマ、ホッキョクギツネ、ホッキョクイワナ、イッカククジラなどの領地であった北極圏や亜北極に次々と現れるようになってから、この考え方は変わりつつある。

南方の動物が北極圏へ移動するというのは興味深い展開であり、それは北極圏が五〇年から一〇〇年先にどうなるかを占うパズルにいくつかのピースを加える、あるいは差し引くことになるのかもしれない。この新たな動態は、北極圏在来種の遷移をも含むことになるだろう。タイヘイヨウザケやアカギツネがもしかすると、ホッキョクイワナやホッキョクギツネを追い出してしまうような事態である。そしていずれ海氷という障害物がなくなれば、シャチによって、シロイルカやイッカククジラが夏を過ごすのに不可欠な生物学的ホットスポットから追い散らされることもありうる。北極圏の動物が免疫を持たぬ種類の病気を、これら南方の動物が運んでくれば、それも新たな影響をおよぼす。近縁性のあるさまざまな動物の異種交配――たとえばハイイログマとホッキョクグマ――によって雑種が生まれ、それが在来種を駆逐してしまうような可能性もある。こうした影響のそれぞれが未来の北極圏に生き延びる生物の様態をどのように形成してゆくのか、あるいは影響のいくつかは無関係で終わるのか、それを予測することは不可能だが、私たちはすでにさまざまなかたちの変化が生じている証拠を目撃している。

交雑

北極圏での異種交配について初めて耳にしたのは二〇〇六年の春、ツクトヤクツクからイヌヴィックへ向かう小型機のなかでだった。私は、科学者のイアン・スターリングと数日を共にしたあとで、彼はボーフォート海でホッキョクグマを捕まえては認識票をつけていた。その小型機のパイロットは、私が何をやっているのか聞いたあと、一週間前にバンクス島でアメリカ人ハンターが変な顔をしたクマを仕留めたという話を語った。そのクマは見たところハイイログマとホッキョクグマ両方の特徴を備えていた。ハイイログマだったら罰金を科す必要があるため、クマを検分した動物管理官は途方に暮れ、血筋が証明されるまでクマの死体を差し押さえたというのである。

パイロットの話には説得力があったけれども、北極圏への旅先でさまざまな人から聞かされるホラ話のたぐいとして片付けた。ハイイログマとホッキョクグマが動物園で雑種を産んだ例はあるが、生物学と動物行動学の観点からしても、野生の彼らは闘うことはあっても、交尾の可能性はない。あったとしても、海氷の上で出会うというきわめて稀なセッティングがあっての話である。

イヌヴィックに着いたあと、わざわざ政府の野生動物事務所に出向いてパイロットの話に一抹の真実があるかどうか確かめようとは思わなかった。が、そうしなかったことをすぐに後悔するはめになる。帰宅して数日後、私はホッキョクグマ専門の生物学者のアンドルー・デロシエからメールを受け取った。それには、あるアメリカ人ハンターがホッキョクグマとハイイログマの雑種を仕留めたようすについて書かれた政府内部資料へのリンクが付いていた（数カ月後、野生動物の遺伝学専門家によるDNAテストでそれがホッキョクグマを母とし、ハイイログマを父とする雑種であることが確認された）。

現代の自然界で初めての例だったので、この雑種がある流れの予兆であると進言する者はいなかった。しかしこれを機に、アラスカの生物学者ブレンダン・ケリーは、そのたぐいの雑種は北極圏のほかの動物からも生まれているのではないかと考え始めた。

当時ケリーは、北極と南極で氷に関係する海洋哺乳類の生態と行動を研究して三〇年という経験を積んでいた。アザラシ、セイウチ、アシカならば皆同数の染色体を持っていて、生殖可能な必要条件を満たしているから、異種交配をしやすい関係にあることは知っていた。彼はまた、異種交配の起きやすい地域は海氷によって制限されており、たとえば大西洋のセイウチやイッカククジラが太平洋側へ来るのも、タイヘイヨウザケやその他の海洋動物がカナダ北極圏東部へ移動するのも不可能だと知っていた。

もしも、南方の海洋哺乳類が北のベーリング海やチュクチ海へ侵入し、そこから北極諸島へ向かうのをさまたげていた大陸サイズの氷床が取り除かれたなら、どういう結果になるだろう？　突飛な質問でもなんでもない。というのは、ケリーがこうした考えを突き詰めていた二〇〇七年には、北極海の海氷が減少して観測史上最小面積を記録したからである。その年の夏の終わりの最小海氷面積は、海氷融解シーズン開始時にくらべて二二％、すなわち一二〇万平方キロメートルも減少していた。換言すれば、一九七八―二〇〇〇年の夏期最小面積平均より四〇％ほど下回っていたことになる。

ケリーはアラスカ大学の生物学者デイビッド・トールモンおよびマサチューセッツ大学アマースト校のアンドルー・ホワイトリーと協力して、異種交配に関する答えを探し始めていた。科学文献の論評のなかで、彼らはタテゴトアザラシとズキンアザラシ、イッカククジラとシロイルカのあいだでの異種交配が存在し、セミクジラとホッキョククジラの交配もありうることを知った。こうした異種交配がさらに起きる可能性から判断し、少なくとも二二種類の北極圏の海洋哺乳類が危険な状態にあり、このうちのかなりの数――合計一四種――が絶滅の危機に瀕しているか絶滅寸前にあると、彼らは結論づけた。

異種交配とは、異なる二種類の生物間に雑種が生まれることをいうが、かつて科学者が考えていたよりもずっとふつうに起きる。異種交配の頻度はカモ類で二五％、鳥類で一〇％、ヨーロッパの哺乳動物で六％、ヨーロッパの蝶類で一二％となっている。ガラパゴス諸島のダーウィンフィンチについてのすばらしい実証的研究のなかで、プリンストン大学のローズマリー・グラントとピーター・グラントは、異種交配はごくたまにしか起きないが――繁殖能力のあるペアのうち二％以下――毎年毎年、持続的に生じることを究明した。

チャールズ・ダーウィンの時代から、進化生物学者は異種交配を妨げる、あるいは逆に許容するメカニズムの解読に努めてきた。最初に有意義な推測を提示した者の一人に、アメリカ人のカール・ハッブスがいる。彼は魚類、爬《は》虫類、両生類の分野において一九一七年以降死去する一九七九年まで、さまざまな米国の博物館の学芸員と大学教授を務めた。

彼の息子で動物学者のクラークによれば、ハッブスが北米の淡水魚調査に出かけるときは通常車の長旅になり、教え子の大学院生や、のちには自分の子どもたちも連れていった。子どもたちの「おこづかい」は捕らえた魚の種類数に応じて支払われ（一種類につき五セント）、新種や新属ならば、それぞれ一ドルと五ドルの特別賞が出た。クラークが思い出すのは、幸いなことに「細分派」の父親は生き物をより細かく分類してゆくのを好み、動植物のカテゴリーを大括りにする「併合派」の対極にあった。そんなわけで、子どもたちはしょっちゅう「特別賞」を得ることができた。

こうして収集されたものを研究するなかで、カール・ハッブスは雑種の存在に着目する（雑種を見つけても子どもたちは褒美をもらえなかったけれど）。彼は自分のフィールドノートと研究結果などから、これらの雑種が最も現れやすいのは、両親のいずれかが新たに参入してきた生態系、あるいは両親の一方が稀で他方がたくさんいる生態系、という均衡の崩れた環境であると推論した。

最近までの北極圏だと、このような状況はどれも当てはまらない。隔離された環境で氷におおわれ、気候も比較的安定していた。人間によって新しい生物種が持ち込まれたわけでもない。異種交配が可能な場所、すなわち一方の種が稀で他方が夥《おびただ》しい場所はきわめて稀にしかない。凍てつく寒さと毅然たる孤立のなかで、北極圏の海洋動物のほとんどは、熾烈な競争や不意の侵入に悩まされず、マイペースで進化してきたのである。

バンクス島のホッキョクオオカミの進化には、こうした経緯が反映されている。島にいるオオカミは夏と秋、大陸のオオカミと開水域によって隔離されているが、島にはジャコウウシが（以前はカリブーが）たくさんいるので捕食には不自由せず、海氷伝いに大陸へ渡ることができる冬から春も、島を離れる理由はほとんどない。バンクス島のオオカミは遺伝子的には隣の島、ヴィクトリア島に棲む従兄弟たちと同じだが、アムンゼン湾の向こうの大陸に棲むオオカミ群とはまったく異なっている。

これと同じことが、ノースウェスト準州の北極線にまたがったグレート・ベア湖に棲むレイクトラウトにも起きている。グレート・ベア湖は世界で八番目に大きな湖で、近代の産業発展から直接には何の影響も受けていない。その規模は長さ一六〇キロメートル、幅一七〇キロメートル、深さは四二〇メートルに達するところもある。そこで捕れる多くの魚は、二〇一一年に捕れた三二キロの獲物も含め、世界最大級に育っている。

北極圏のほとんどの湖と同じく、グレート・ベア湖も数千年前に大陸の氷床が後退したときにできたものだ。氷床が後退したばかりの地域に棲んでいたレイクトラウトやほかのイワナ属の魚たちは、手に入るようになった食料源を求めて湖へ移動してきた。食料の奪い合いがほとんどないために、トラウトたちはパイを切り分けるように湖で棲み分けを始める。ある連中は水深の浅い場所で小型の底魚になり、ほかの連中は深い場所で大型の底魚になった。巨大となった魚は小型の魚を食べ、ときには共食いもするようになった。すべての魚が多かれ少なかれプランクトンを食べた。

食料争奪が激しく、特化しようにも限りがある混雑した南方の湖に棲むほかの魚と違って、グレート・ベア湖のトラウトは、ガラパゴス諸島のダーウィンフィンチに見られるのと同じタイプの、早送りの進化軌道をたどっているように思われる。ガラパゴスのフィンチは、小さいくちばしを持つまでの進化に二〇年とかかっていないのである。

グレート・ベア湖の魚たちの進化はそれほど速くはなかったけれど、カナダ水産海洋省の科学者ジム・ライストと、仕事を共にしていた生物学者ルイズ・シャヴァリは、これらの魚が比較的短い期間内に餌の好みも成長速度も違う、解剖学上まったく異なったかたちに変形したことを示した。

相違がはっきりしている二種類の生物間の異種交配は、生物多様性の観点からは良くもあれば悪くもある。良い点は、それによって新しくてより強健な種への進化が導かれる点だ。たとえば大昔のホッキョクグマとヒグマが氷河時代のアイルランドで交雑したように。[1]

しかし不都合な点は、雑種のなかには、元の種にくらべると繁殖力が弱かったり生殖能力のないもの、あるいは遺伝子上病気や環境の急変への抵抗力を持っていないものが出てくる可能性がある点だ。

そうした否定的な結果として、オンタリオ州北部の一地方で自然に交配したレイクトラウトとブルックトラウトの例と、別の場所で科学者の手によって交配させられた例とがある。その交雑種をスプレイクといい、交雑結果としての子自体はおおむね健全なのだが、孵化《ふか》場以外での繁殖となるとほとんど成功していない。

このタイプの異種交配は、米国でアメリカフクロウとの交雑を盛んにし始めたニシアメリカフクロウのような絶滅の危機にある種にとって特に有害である。科学者たちは、交雑によって生まれた雑種がニシアメリカフクロウとつがう頻度は、ニシアメリカフクロウ同士でつがう頻度より低いことを発見した。そして雑種とニシアメリカフクロウのつがいから生まれるひな鳥の数は、雑種とアメリカフクロウのつがいから生まれるひな鳥の数よりも少ない。これらの要素が組み合わさると、ニシアメリカフクロウは絶滅にさらに近づくことになる。

異種交配は海洋生物にも影響を与える。特に絶滅寸前状態にある北太平洋のセミクジラだ。現在、世界に二〇〇頭しか生き残っていない。ホッキョククジラとの交雑は少なくとも一事例だけ発見されているが、それが増えるとセミクジラの絶滅は加速されるだろう。

カナダ人の科学者ジム・リーフロアは、クラックリング・グースとカナダガンが生息するハドソン湾西岸で、異種交配がどのように展開されてゆくか熟考した。コカナダガンとカナダガンは大変よく似ているので、同じ種だと見なされていた時期もあった。だがコカナダガンは遺伝子的にカナダガンと異なるだけでなくずっと小さく、マガモくらい小さい場合もある。

カナダガンとコカナダガンの交雑が成立するためには、つがいを探す時期か生殖時期に両種が同じ場所にいなければならない。ほかの種類のガンと違って、カナダガンは雌雄とも生地回帰性があり、通常自分たちが孵化したのと同じ集団繁殖地に戻ってきて巣作りをする。

この事実から、リーフロアたちはカナダガンは同じ集団営巣地出身のなじみのある相手とつがうのだと考えた。そこから、異なる二種類のガンが交雑する可能性はなさそうだという考えにいきつく。なぜなら、交雑がなされるための営巣地も同じ区域になければいけないからだ。だが、営巣地がまざり合う環境は、亜北極・北極のどこを探してもない。カナダガンは換毛のために北へ飛ぶ前、早い時期に北方樹林で巣作りをする傾向にある。他方、コカナダガンは時期的にもより遅く、樹林内ではなくツンドラで巣作りをする傾向にある。

リーフロアはその仮説にはどこかおかしいところがあると感じていた。ハドソン湾西岸で、身体はカナダガンのように大型だが、ＤＮＡはコカナダガンのものである鳥の同定を試みていたときである。別のケースとして彼は、ＤＮＡはコカナダガンに似た大きさだが、ＤＮＡはカナダガンのものという小型の鳥を見つけていた。彼は、カナダガンのＤＮＡが北極圏の小型ガンのなかに綿々と持続されているのは、北極圏が今よりも暖かく樹木限界線がもっと北にあった数千年前に起きた歴史的異種交配の「痕跡」としてだろうと考えた。

異種交配の痕跡は、向こう数十年のあいだによみがえる可能性がある。二つの事態がその後押しをするだろう。樹木限界線が現在の北上移動をつづけ、南からの渡り鳥がもっと北へ移動しつづけて、北極圏がずっと寒かった三〇年前には巣作りに適さなかった場所へ新たな営巣地を見つけるならば。

カナダガンもその行動を歴史的範囲以上に拡大してきている。一九八〇年代のグリーンランド西部でカナダガンは稀少な存在だったが、今では五万つがいまで増加している。同地のカナダガンは生育状態がすばらしく、その一腹卵巣数は一三〇〇キロメートル南に棲む仲間よりも多い。カナダ北極圏東部でカナダガンは今、これまでカナダ東部における分布限界と見なされてきた地域よりもさらに五〇〇キロメートル北のバフィン島の北東岸で営巣している。このようにカナダガンは営巣範囲を拡大しており、コカナダガンとの異種交配の可能性は前にもまして高まっている。

しかし、過去に起きたことと未来の北極圏でこれから起きそうなこととのあいだには、大きな違いがある。カナダガンと特にハクガンの爆発的増加は、南方での農業開発・都市開発による影響もあれば気候に左右された面もある。ガンが越冬するのに適さなかった米国南部の広大な湿地と森林環境が、ガンの餌にはうってつけの穀物が大量に放棄される農作地へと姿を変えた。新発見の食料源で体力をつけたガンたちは、農業改革開始前にくらべたらずっと大きな集団をなして、元気いっぱい巣作りのために北方へ飛び立つのだった。南方帰還時の体力維持の食料源としての植物も、北極圏の急速な温暖化のおかげで前よりも豊かに繁《しげ》り、食べ放題だ。

科学者たちは、最近北極圏に移動しつつあるオジロジカやヘラジカの動きにも、似たような筋書きを読み取っている。シカやヘラジカは南方の石油、ガス、森林開拓で分断された環境下でもうまくやっている。測量線やパイプライン占用地によって切り開かれた道に沿って北へ移動する彼らは、北極圏の過酷で長い冬に足止めを食らうことはなくなった。

このケースでは連鎖反応が起きる。シカやヘラジカが北極圏へ活動範囲を広げてゆくにつれて、コヨーテやクーガーなど南方の捕食動物が後を追ってくる。一九七〇年代にユーコン準州とノースウェスト準州に住んだ経験のある私は、あるパイロットと知人の生物学者が、それぞれ別の機会にクーガーを見たと自信満々で報告してくれたとき、とても信じることができなかった。一度目がアラスカ州とユーコン準州の州境に近い氷原で、二度目がウッド・バッファロー国立公園だったという。

シカはカリブーと交尾しないだろうが、彼らの捕食者であるコヨーテやオオカミは、北米東部で実例があるように異種交配するだろう。ノース・ウエスト準州の州都、イエローナイフやユーコン準州の州都、ホワイト・ホースのような町で今やコヨーテの姿はありふれたものになっていて、野生動物管理官は市民に対し、夜中は小型犬を屋内に閉じこめておくよう忠告しているくらいだ。

広まる感染症

異種間交配、生息域の変化、そして生存競争という生態系のごちゃまぜは、もうひとつの見落とされがちな要因によって複雑さを増している。すなわち病気である。南方の動物は、それまで北極圏にはほとんど存在しなかった病気を持ち込んでくる。数年前、その可能性が注目されたのは、カナダの科学者たちが北極圏でトリキネラの蔓延《まんえん》を監視しているときだった。ホッキョクグマやホッキョクギツネからよく見つかるこの旋毛虫は、一九八〇年代にセイウチに感染したあとその生肉を食べた人間に感染するまで、北極圏では特に心配されていなかった。症状は発熱、筋肉痛、不快感、浮腫などである。

カナダ水産海洋省で仕事をしている微生物学者のオレ・ニールセンは、この寄生虫蔓延《まんえん》の経路を探ることを頼まれたほか、ハンターをも倒した肉のサンプルを渡され、何かほかに懸念すべきことがあるか確定するよう依頼された。彼はブルセラ症〔2〕の徴候を見つけたが、最初は特に驚かなかった。イルカやヒゲクジラの生殖障害の原因となる感染症である。海洋界では大変広く蔓延している病気で、北極圏でも幅をきかせてきたことは不思議でも何でもなかった。

彼が驚いたのは、その症状の実態調査を始めた二〇年以上前から今日までの病気蔓延のスピードだ。テストしたサンプル全体の二一％から症状を見出したが、それは彼が一九八〇年代に発見した値の四倍増であった。

それより大きな懸念は、シロイルカもイッカククジラもアザラシジステンパーウィルスに対する抗体を持っていないという発見だった。それは致命的なウィルスで、ヨーロッパ北東部で二万頭のゴマフアザラシがそのせいで死んだ一九八八年に初めて、海洋環境内で発見された。それ以降、同ウィルスはバイカル湖のアザラシに飛び移り、地中海イルカをはじめ世界のあちこちで数種類の動物に猛威をふるっていた。

アザラシジステンパーがどのようにして海に広がったのか、その理由は誰も知らない。イヌのジステンパーにきわめて近いので、もともと陸上生活をしていた動物死体の海中遺棄がことの始まりだろうと考えられている。「ジステンパーが北米の北極圏までやってきたら、どういうことになるか見当がつきません」とニールセンはいう。「ジステンパーがここではびこってしまったら、容易ならざる事態になるでしょう。北米北極圏には一年中とはいわないまでも、ほとんどの時期に八万頭のイッカククジラと一五万頭のシロイルカがいるのですから、どこかで大量の集団死が起きてもおかしくありません」

集団死とは異様に聞こえるが、そんなことはない。ゴンドウクジラ、ゴマフアザラシ、イルカなど発症まで長期間病原体を保持しつづける海洋哺乳類が感染していればそうなる。タイへイヨウザケやシャチが先鞭をつけたように、保菌動物たちが温かな海流に乗り、大挙して北極圏へやってくることはあり得る。

人類への影響

人間もまた病気蔓延の脅威に無関係でいるわけにはいかない。二〇一四年の冬、科学者たちは初めて、夏のマッケンジー・デルタとカナダ北極圏西部の海に棲むシロイルカの体内から、感染型の猫の寄生虫トキソプラズマを発見した。猫糞病としても知られているトキソプラズマ症は、人間が失明する一番の原因である。胎児や免疫不全の人々にとっては致命的だ。

この研究結果の報告書のなかでマイケル・グリッグとスティーブン・ラヴァティは、二〇一二年に北大西洋で起きた四〇六頭のハイイロアザラシの死の原因となった、北極圏における新種の寄生虫についても説明している。サルコシスティス・ピニペディは人間には無害だが、トド、アザラシ、ハワイモンクアザラシ、セイウチ、ホッキョクグマ、そしてアラスカ州とブリティッシュコロンビア州（カナダ）のハイイログマの死を招いた。

アラスカ大学の生物学者の一人、デイビッド・トールモンは北極圏における交配種を調査しているが、病気は未来の北極にとって真の脅威になると見ている。だが同時に彼は、低レベルの交雑ならばかならずしも悪いことばかりではなく、自然界での異種交配によって肯定的な結果がいくつか現れることもあると考えている。たとえば、太平洋ミンククジラがときどき北大西洋ミンククジラと交雑する程度ならば、生物多様性の喪失だと騒ぐほどのこともない。もっと懸念されるべきは、異種交配の一方が、たとえばセミクジラのような絶滅危惧ないしは絶滅寸前の動物だった場合、あるいは異種交配が稀なできごとではなく常習的になってきた場合である。

トールモンは、共同研究者のブレンダン・ケリーと同じように、異種交配が人間社会にもたらしかねない結果とか、ほかにもさまざまな考慮しなければならぬことがあると考える。たとえばグリーンランドでは数年前にシロイルカとイッカククジラの雑種が見つかったが、それにはイッカククジラの牙がない。角の長い雄が雌を引き寄せるため、角状の牙はイッカククジラの繁殖成功のためにとても大事なものなのである。動物園ではハイイログマとホッキョクグマの雑種がホッキョクグマらしいアザラシ狩りの本能を見せるけれど、泳ぎは下手だ。

「気候変動に適応できる生物種には長所があるんです」。異種交配について議論を呼ぶことになる記事をネイチャー誌に同僚と共同執筆してから四年後、ケリーは私にいった。「しかし必要な適応というのは、遺伝子が昔の遺伝子よりも新しい気候環境にうまく適応するように変化することです。それには時間がかかります。現在北極で起きている変化はあまりにも速すぎて、長生きのクジラとかアザラシとかホッキョクグマには、必要な速さで適応するチヤンスがありません」

ケリーとトールモンは、ネイチャー誌に載せた論文が科学界に真剣な議論を呼び起こし、政治家や官僚のレベルでなんらかの政策が決定されることを期待していた。望みどおりの議論は起きた。しかし、政治の舞台では大したことは起きなかった。

この四人の科学者は全員、国際自然保護連合が、異種交配の防止ないし制限をいつするのが効果的かを定めることを含め、雑種管理のための総合的政策を練りあげるべきだと考えている。一例として、米国ではアメリカアカオオカミやコヨーテを、明確な種の保存をうながすために過去一〇年間、間引きしてきた。彼らはまた、交雑が一番起こりやすい時期と場所を予測するため、そして絶滅危惧種の遺伝子モニターのために、研究者たちは海氷消失モデル、海洋モデル、ランドスケープ・ゲノミクス（地理的環境とゲノムの関係に着目したゲノム学）モデルを組み合わせるべきだと考える。さらには、北極圏に含まれる国家、部族政府、先住民グループは北極圏海洋哺乳類の狩猟のモニター、あるいは遠隔地の遺伝子サンプルを収集するなどして、協同作業をすべきだという提案をしている。

右の提案がうまく機能している好例がいくつかある。傑出しているのが、タイヘイヨウザケが北極海へ移動してきた経路調査をしたカレン・ダンモールの試みだ。彼女はマッケンジー川流域の先住民漁師に報酬を提供し、サーモンの漁獲量報告や現物を提出してもらったりした。この情報を広く伝えるために、彼女は自分のウェブサイトを使いフェイスブックに投稿し、北の住民からたくさんの「いいね！」をもらった。

　ダンモールが記録した漁獲記録は、マッケンジー川流域へ入り込んできたサーモンの真の数量を反映しているわけではないけれど、少なくともサーモンがどこへ向かっているのか、産卵の可能性はあるのか、また原生種のオショロコマ、ホッキョクイワナ、レイクトラウトなどにどのような影響を与えるのかについて科学者たちになんらかの考えを授けることにはなる。

　彼女がこうした記録を取っておかなかったら、科学者たちは二〇一三年、グレート・ベア湖で先住民漁師が三匹のシロザケを釣りあげたという話を知らぬままでいただろう。ダンモールとカナダ水産海洋省の科学者ジム・ライストは、タイヘイヨウザケがいつの日か湖の名高いトラウトたちと張り合うことになっても特に心配はしていない。シロザケの成魚は秋になると上流へ向かい、産卵して死ぬ。翌春、小石のあいだから稚魚が生まれ、その春から夏にかけて大洋へ直行する。ダンモールによれば、レイクトラウトとシロザケが出会う最大の機会は産卵期だという。

　両方の魚が産卵期に同じような生息環境を求めた場合、とりわけそのような環境が容易に得られない場合、競合が起こりやすい。ふつうにはないことだが、シロザケが湖で産卵するというのも聞かぬ話ではない。同様に、レイクトラウトが川で産卵するというのも通常はないが、ありえぬことではない。さまざまな思いがけないことが起きているのだ。この話は、カナダガンとコカナダガンの異種交配の件に似たところがある。

とはいうものの、シロザケやピンクサーモンが移住してくると、オショロコマのように産卵床を掘る基質産卵型で地下水層を必要とするサケ類と交雑してしまう懸念はある。

未来の北極を方向づける大局的な観点のなかでは、異種交配は「起こりうる事態」程度の話であって、まだ明確な答えはない。たとえば、アラスカとシベリアの北東端・チュクチ半島沖合では、海氷減少のせいで行き場を失ったタイヘイヨウセイウチの大群が密集する現象が起きているけれども、タイヘイヨウセイウチとタイセイヨウセイウチが混交した密集を形成することはないので、二種の遺伝子がまじり合う可能性は少ないだろう。確かに、異種交配の進展速度は、気候変動に起因するほかの脅威にくらべると進み方はのんびりしているかもしれないが、どの生物種がどのようにして生き残るかという疑問と、新参種が未来の北極の生態系力学にどのような影響を与えるかという疑問に対し、興味深いヒントを与えてくれる。

しかし、科学者が変化速度をいつも遅く見積もってばかりいる北極圏で、異種交配の進行から生じるものをのんびり待っていては危険だ。

ホッキョクグマとハイイログマの雑種がその適例である。二〇〇六年に射殺されたホッキョクとハイイロの雑種は、当初科学者が考えたような特異例ではなかった。私がバンクス島にやってきた二〇一一年の前年、イヌイットの猟師がヴィクトリア島の海岸で別の雑種グマを射止めていた。翌年、生物学者のジョディ・ポングラッツとエヴァン・リチャードソンは、バンクス島の北東にあるバイカウント・メルヴィル海峡で、雑種とハイイログマという見たこともないクマの群れを詳細に記録した。ホッキョクグマの数はまばらで、ハイイログマの目撃例は一件しかないという場所だ。そこまで北上した場所で、三頭のハイイログマと二頭の雑種が相互に至近距離にいるのを観察したのは前代未聞のことだった。だが、それはさらに大きな変化の到来を予告する、前触れなのかもしれない。

【注釈】

【1】 参考文献 Current Biology (Volume 21, Issue 15, 1,251 ~ 1,258p) 参照。

【2】 ブルセラ属菌によって引き起こされる感染症。牛、豚、羊、犬など家畜動物の感染症だが、ヒトにも伝播する「人獣共通感染症」である。

第 5 章

北極の王はもういない

カナダ・ハドソン湾の北西部、ウェイジャー湾にて。海氷の融解が早まっているため、ホッキョクグマにとって、自分たちの食糧の95%に相当するアザラシ猟の期間は短くなってしまった。

写真:著者

ホッキョクグマの激減

それは真夜中のこと、ハドソン湾西岸ではヘイズ川から真水が塩辛い海に滔々《とうとう》と注ぎ込んでいた。ほぼ終日吹き荒れていた八月の身を切るような風は、すでに静まっていた。火勢の長つづきせぬ薪《まき》ストーブの残り火が、私たちが寝泊まりする一部屋しかない小屋の内部をちらちらと照らしている。ヘリコプターの後部座席にしばられたまま海岸沿いの何十頭というホッキョクグマを数えつづけて丸一日、へとへとに疲れていた私は熟睡していてしかるべきだったが、合板床の下でかさこそ音を立てる小動物のせいで眠れずにいた。ベッドの下に押し込まれた、ホッキョクグマの血だらけの頭部にひそむ謎もまた気になった。

その夜、小屋のなかにはほかに三人の男女がいた。ヘリコプター・パイロットのジャスティン・セニウク、生物学者のヴィッキー・トリム、そしてダリル・ヘドマン。ヘドマンは、ホッキョクグマが七月から一一月、あるいはもっと遅い時期までその地域の沿岸沿いにいるあいだ、クマ関連のあらゆる事柄の全責任を負うマニトバ州政府の地域野生動物管理官である。私がこの三人と晩冬のホッキョクグマの巣ごもり調査をしたのは四カ月以上も前のことなのに、つい昨日のことのように感じられた。ありがたいことに、あの三月にくらべると摂氏一〇度は暖かい。あのときは、プスプスとぼやいては止まってばかりいる発電機でヘリコプターのエンジンを暖めておくために、セニウクが夜通し起きていた。

今回もまた、私は二つある下段ベッドの一方で寝ていた。トリムは私の上のベッド。ホッキョクグマの頭は緑色のゴミ袋にしっかりと包まれて、私の下にころがっている。トリムもヘドマンもそいつの正体には懐疑的だった。

そのクマを見つけたのは同じ日のまだ早いうち、ホッキョクグマが殺したばかりのクマを食べている現場に向かったときだった。その場面には最初から当惑させられた。大きな理由は二つある。

ホッキョクグマ同士の共食いは、雄グマが生まれたての子や子グマを殺してしまう状況以外にはほとんど例がない。そのときは子グマではなかった。共食いが起きるきわめて稀なケースというのは、ふつうは一方が、あるいは両方とも餓死寸前の場合である。上空からでは、この二頭の動物の状態を見きわめるのは難しかった。

だが心底面食らったのは、食事中のクマを追い払って着陸後に目にしたものだ。死んだほうのクマは足に水かきがあり、爪は短く頭骨は細長いという典型的なホッキョクグマの特徴を備えていたけれど、少しハイイログマに似ていたのだ。体毛は茶色だし、鼻面は偉大なる真白き放浪者に見られるローマ鼻ではなかった。

「何だいこりゃ。わけがわからん」とヘドマンは動物の体毛を指ですきながらそういった。「第一印象をといわれたら、ホッキョクグマに違いないというよ。この仕事をやっていてハイイログマを見たのはたった一度だけだし、それも海岸沿いに何百キロメートルも先だった。これがハイイログマとかハイイログマとホッキョクグマとのハイブリッド種[1]だとしたら、そして大いにそうかもしれないんだが、僕らはこの地方の自然史の新たな一章を見ていることになる」

　そういうとヘドマンは斧を取りにヘリコプターのほうへ歩いていった。彼はよく、死んだ動物の頭部をそれで切り落としていた。「こいつが何者か知るためには、こうするしかない」と、彼は斧をふるい、刃をクマの太い首に食い込ませてそういった。「南に戻ったらこの謎解きは専門家にまかせよう」

　そして、その動物は間違いなくホッキョクグマだということが判明した。カナダ北極圏西部で発見され仕留められたような、ハイイロとホッキョクのハイブリッド種ではなかった。この共食い行為は、また近年、ほかでも記録されたいくつかの共食い事例とともに、暖かくなってきた北極圏にハイイログマが勢力を伸ばし始めた世界では、ホッキョクグマが敗者になりつつあることを暗示するものだった。

　ホッキョクグマは、自分たちの領域に侵入し始めたハイイログマと張り合ったり、ときに交尾しているだけでなく、海氷の急速な減少になんとか対処しようとしているのだ。彼らの食事の九五％を占めるアザラシ狩りは、海氷が減少すればますます困難になる。ハイイログマのようにカリブー、ジリス、そのほかツンドラに生息する動物たちを捕食することに長《た》けていないホッキョクグマが、夏を生き抜くためのエネルギー源の減少分を補おうと、ベリー類やガンの卵、たまたま見つけた腐肉などを食べたとしても、埋め合わせにはなりそうもない。ホッキョクグマというのはスペシャリストなのだ。海氷の縁や周囲でアザラシを仕留める目的のために、身体全体が微調整されている。

このような変化の影響は数字に表れている。現在、アラスカ、カナダ、グリーンランド、ノルウェー、ロシアに、二万から二万五〇〇〇頭のホッキョクグマが、一九の小集団に分かれて生存している。国際自然保護連合のホッキョクグマ専門家グループが二〇一四年に発表した調査報告書によると、小集団のたった一集団だけが個体数を増やしていた。五集団は安定的、四集団は減少、ほかの集団については、現在の趨勢《すうせい》を見きわめるための十分なデータがなかった。

ハドソン湾西岸のクマたちは最も脆弱《ぜいじゃく》な部類に属する。一九八七年から二〇〇四年にかけて、同地域の個体数は二二％減少した。生息中心域における巣穴の数も同様である。そのうえ、最近の調査によれば、生後一年をまっとうできないクマが増えつつある。観察者からの報告によれば、私たちが目撃したような共食いも増えつつあるという。

似たような傾向は、カナダ北極圏西部でも広がっている。科学者たちは、ホッキョクグマが海氷ではなく陸上に巣を作るケースや、遠泳を強いられて、ときには溺れてしまうケースが増加しているのを目撃している。ボーフォート海の南部では、六カ月以上生き延びる子グマの数が少なくなっているのも観察されている。最新の推計では、個体数の減少率は少なくとも二五%、ひょっとすると五〇%に達していると思われる。

イアン・スターリングは、四〇年以上もホッキョクグマの研究に携わっている。分布域の南端にいるホッキョクグマにとって状況の好転はないだろう、と彼は見る。その地域で彼と同僚が目にするクマたちは、二〇年前、三〇年前に見た典型的なホッキョクグマにくらべて、より若く、体軀《たいく》は短く痩せている。理由は簡単だ。クマたちは一年間生き抜くために必要な脂肪分を、氷上のアザラシを捕食することによってため込む。今やハドソン湾南部の常態として春に氷が割れ始める時期が平均三週間早くなっているせいで、クマたちは陸上で過ごすことが多くなり、繁殖の成功と子グマのために必要なたくわえを増やす機会が減っている。そうすると、悪循環に陥ってしまうのだ。食事時間が減れば、蓄積された脂肪はすぐに減る。脂肪がなくなると、町へ出かけて食べ物を探すクマも出てくる。凍結の時期が一、二週間遅くなっただけで、ホッキョクグマの苦労はぐんと増える。

未来の北極がホッキョクグマにとって棲みにくくなる、と考えるのはスターリングだけではない。彼と生物学者のスティーブ・アムストラップは、米国地質調査所が二〇〇八年に発表した画期的なレポートの主要著者のひとりであるが、同レポートは、ハドソン湾の西岸と南岸、アラスカ沿岸、カナダ北極圏西部にいるクマを含めた世界中のホッキョクグマの三分の二は、予想どおりに海氷が減少していけば、今世紀半ばまでにはいなくなると予測する。彼らの警告はつづく。今世紀末に生き残っているホッキョクグマは、生き延びるのに十分な氷とアザラシがまだ存在しそうなカナダとグリーンランドの高緯度北極圏にいるものだけになるだろう。

クマたちの未来について過去から学べるとすれば、これまでにない速度で北極を暖めて海氷を溶かす温室効果ガスの排出制限についてはほんの少ししか、あるいはまったく進捗《しんちょく》がないにしても、見かけほどに現状は絶望的ではないかもしれないということだ。以前にも、ホッキョクグマが進退きわまる事態に陥ったことは何回かあったが、どの場合でも公的な政策が彼らを救った。

たとえば一九六〇年代には高性能ライフル、自殺銃（銃を仕込んだ罠）、自家用スノーモービル、飛行機や船からの狩猟などが人とホッキョクグマの関係を根本的に変えた。人と獣の古典的対決がゲームセンターの射撃ゲームみたいになってしまった。「トロフィーハンター」と呼ばれる獲物自慢のハンターを海氷上に連れていこうとする三〇機もの小型飛行機がコツエビューの町外れの氷の上で列をなすほどに、アラスカに来るハンターたちはたくさんのクマを殺していた。

ホッキョクグマ殺しの増加は世界的傾向だった。一九二〇年代、ノルウェー領のスヴァールバル諸島では毎年九〇〇頭のクマが殺されていた。一九二六年の特筆すべきケースとして、アメリカ人少女がロアール・アムンセンが遠征時に使った古い補給船ホビー号の甲板から、一一頭のクマを撃った――うち六頭は一日で――という話がある。

スヴァールバル諸島でのクマ狩りは、第二次世界大戦の終わりには年間約五〇〇頭まで減っていたが、それは単に殺せるクマの数が少なくなっていたからにすぎない。

一九六〇年代の初期、ホッキョクグマの運命は大変厳しい状況にあり、カナダ人科学者リチャード・ハリントンがあと一万頭しか残っていないのではないかと推測したほどである。それは現在の頭数の半分以下に相当する。正しい数字は誰も知らなかったが、一九五六年にホッキョクグマを保護動物とする法案を首尾よく通したソ連の科学者たちは、ハリントンは楽観的だと考えていた。彼らの想定値はハリントンの数字の半分だった。

危機感はニューヨークタイムズのような新聞紙上で波紋を呼び、アラスカ州のフェアバンクスで、最初のホッキョクグマ保護を眼目とする環北極圏会議が開催されることになった。一九六五年のその会議に出席した科学者にとっては幸いなことに、そこにはクマの絶滅を阻止するために何かをしようという真摯《しんし》な政治的関心があった。米国内務省長官スチュワート・ユーダル、アラスカ州上院議員E・L・バートレット、アラスカ州知事ウィリアム・A・イーガンらが出席し、根本的な保護政策を取るべしという呼びかけに加わったのである。

個人的にもバートレットは、「バッファローが絶滅寸前まで追いつめられた同じ道を、ホッキョクグマがたどることがないよう」決意した。

バートレットは会議参加者にこういった。「心配する人たちがいうように、ホッキョクグマが絶滅の危機にあるとするなら、世界は彼らを失った分だけうつろな世界になるのです……もしも人類がまだ、ホッキョクグマの威厳と気高さとユニークさを認め、理解する余裕を持つことができるならば、人類が善悪の判断に関するテストに解答を提出し、合格する見込みは十分にあります」

このあとの展開は、冷戦型思考が浸透していた時代背景を考えると、驚くべきものだった。会議の結論として、巣ごもり中の雌と子グマの保護を求める決議を可決した。当時巣ごもりをしている母子は撃ち殺されるのが常だったのである。米国、カナダ、デンマーク、ノルウエー、そしてソ連は——国際自然保護連合の主導のもと——ホッキョクグマの未来を保証するために、各国の資源と研究業績を持ち寄ることに合意した。この目的のために参加国は一九七三年に保護協定を締結し、そこで娯楽やスポーツとしての狩猟の制限、飛行機や船からのホッキョクグマ狩猟の禁止、調査研究継続の確約などが表明された。

また、そのときまでに米国は狩猟を制限した。ノルウエーは完全禁止、そしてカナダはイヌイットによる狩猟とスポーツハンティングに割当制度を課した。危機は比較的短期間のうちに回避された。逆境にあったホッキョクグマの小集団は、ほぼすべてが個体数を回復した。とはいえそのためには長い時間——スヴァールバル諸島の一部などでは三〇年——が必要だった。

スターリングは今でも、あの危機の時代を驚きをもって振り返る。

「何年ものあいだ、ホッキョクグマの保護というテーマだけが、北極圏全体に関する合意事項として、鉄のカーテンにより隔てられた両陣営がサインするに至った唯一のものだったのです」

もちろん、それは昔のことで今は違う。現在、ホッキョクグマにとって一番の脅威は気候変動であって、狩猟でもなければ無分別な人間の行動でもない。今ではアル・ゴアのような人物や、保護政策を呼びかける世界自然保護基金やホッキョクグマ国際協会のような団体もあるが、注目すべきいくつかの例を除くと、実際に何かを成し遂げたE・L・バートレットやスチュワート・ユーダルのようには政治的に有効な動きを実践できていない。

クマを守れ！

温室効果ガス排出を制限することは、この問題に対するわかりやすい解答だが、数年内にこの巨大な課題を達成することができたとしても、北極圏の氷の減少を元に戻すには数世紀かかる。気候変動の専門家がよく指摘するように、単にスイッチを切ってすぐに地球気温の上昇が止まるのを期待するのは無理な話で、ましてや短期間にその逆転を期待するのは不可能だ。地球の急速な温暖化がもたらす影響は、おそらく数世代にわたってつづくだろう。

ホッキョクグマ専門の生物者アンドルー・デロシエは、カナダへ帰国する以前、ノルウェー極地研究所の依頼で七年間スヴァールバル諸島のホッキョクグマの調査に従事していた。

米国地質調査所が不吉な予測を発表して以来、彼は温暖化する世界でどうしたらホッキョクグマの面倒を見ることができるか考えつづけてきた。地球気温の上昇をコントロールできるようになるまでホッキョクグマに生き延びてもらうため、彼らに時間の余裕を与える方策が必要だ。

当初、デロシェが管理策をいくつか提案し始めたとき、彼は同僚から多くの共感を得たが、本腰の支持ではなかった。科学者たちには緊急を要する案件とは感じられなかったのだ。ところが二〇一〇年に、デロシェが大学院で指導し、現在はトロント大学の助教授であるピーター・モルナーが、ハドソン湾西岸にいるような、ある地域のホッキョクグマの個体数の急減は、気候変動モデルに基づく予測よりも早く、かつ壊滅的なかたちで生じうることを示唆する数理モデルで耳目を集めた。

モルナー・モデルは、ホッキョクグマが交尾の相手を探し、子グマを産み育て、主食たるアザラシ狩りの基地となる海氷がない数週間——ときには数カ月——をしのぐためのエネルギー量に根拠を置いている。

このモデルは、海氷が減少してクマたちが必要な体脂肪をたくわえるための時間が不足した場合、何が起きるかを予測できるように設計されていた。驚くべき結果が出た。誰でも考えるのは、温暖化と共に増殖率・生存率が直線的に減ってゆき個体数が徐々に減るというシナリオだが、モデルの予測は違った。そうではなく、ホッキョクグマは現状通りある限界点まで増殖をつづける。しかしその限界点を超えるや、増殖率と生存率は劇的に低下する。端的にいうと、クマの群れは消滅する。

モルナー・モデルが発表されると状況は一変し、切迫感を増した。二〇一二年の夏、北極海の海氷減少が記録破りとなる直前、その数年前にデロシェが個人的に広めた管理案を議論するため、一二人のホッキョクグマ専門の科学者が、オタワで開催される国際クマ会議で非公式に会おうということになった。全員が一致団結していたわけではなかったが、共通の見解もあり、オレゴン動物園のエイミー・カッティングは問題提起されたさまざまな点をリストにまとめることができた。デロシェはカッティングが作ったリストを補完して草稿をまとめ、これが学術誌「コンサベーション・レターズ」に掲載される。

その雑誌論文のなかで、彼と共同執筆者たちは、ホッキョクグマが長引く無海氷の季節を生きながらえるため、また彼らが北方の小さなコミュニティに侵入して人々やその財産に危害を与えることを防ぐためには、クマの一部は人から餌をもらわなければならなくなる日が遠からず来る、という説を述べた。

彼らはまた、ある頭数のクマたちは、十分に寒くなって海氷に戻ることができるまで、臨時に囲った区域に保護しておく必要があるだろうという。それがだめなら、自活ができるまで耐えられなかったり移住不可能なクマは安楽死させるしかない。いずれにしても、今は厳しい規制があってホッキョクグマを受け入れるのが難しい動物園だが、飼育可能な限りのクマたちをあずかってもらうことになるだろう。

驚くまでもなく、世界中の新聞・雑誌・テレビ局のレポーターがこの話を取りあげると、気候変動否定派や懐疑派はわきかえった。騒ぎはそこでは止まらない。ホッキョクグマが危機的状況にあることを信じない者が多いイヌイットのリーダーたちは、ホッキョクグマ保護の提案に乗ろうとする者は誰であろうと邪魔してやると誓った。クマにかけるコストをあざける者もいた。たとえばハドソン湾西岸に住む一〇〇〇頭のクマを食べさせるだけで一日三万二〇〇〇ドル（約二七〇万円）、月に一〇〇万ドル（約八五〇〇万円）かかるという。

デロシエは一歩も引かなかった。

「誰でもいいですから、ホッキョクグマ専門の生物学者に聞いてごらんなさい。もうすでに、あの論文で扱った問題についてみんなから質問攻めにされている、と答えるでしょう」と、論文掲載の数日後、デロシエは私にいった。

「影響力のある地位にいて、ホッキョクグマに餌を与える募金活動を始めようと待機している保護論者たちが味方にいます。彼らにいわせれば、温室効果ガスへの取り組みに進展がないというのは、いずれ重大局面に対処せねばならなくなることを意味するというのです。私は、温室効果ガスに触れずに済まそうと目論んだ選択肢などは考慮しません。その一番の問題に取り組まずしてクマを守るために長期的に成し遂げられることなどわずかしかないし、クマの分布域は急激に縮まって、おそらくは絶滅するでしょう」

ホッキョクグマに関する研究の世界で、デロシェは論文指導の恩師イアン・スターリングのしかるべき後継者となった。クマの保護のために十分なことをしない政府を批判するのに、彼は手心を加えない。すぐにでも何か手を打つ必要があり、各国政府はそれを支持しなければならない、と彼はいう。

「不足分の補給となり、民家から遠ざけるため等の目的で注意をほかにそらすために餌を与えることは昔からやってきたことです」。彼はクマに餌を与えるなど正気の沙汰ではないという非難に対し、そう反論する。「たくさんの種類の動物を相手にやってきたことです。米国ではヘラジカ、東欧ではヒグマ。正しいやり方さえすれば効果はあります」

政策立案者がこの方法を簡単には受け入れないだろうということを、デロシェは承知している。

「何百頭という半分野生のクマを、クマ給食で養ってやろうなんていうのは、私の個人的信条に反します」と彼はいう。「ですが、私たちがいずれこの温室効果ガスを制御できたならば、クマ給食には先見の明があったと、ひょっとすると今から何世紀かののちに評価されることになるでしょう」

米国地質調査所を退職したあと、スティーブ・アムストラップは、ホッキョクグマ保護の世界的リーダーを自認するホッキョクグマ国際協会の上席科学者を務めている。アムストラップは、あの「コンサベーション・レターズ」誌に掲載の論文に名前をつらねたのは、ある管理戦略がほかのものよりすぐれているとか、すべての戦略がうまくいくとかを宣伝するためではないと強調する。

「目的は、雑誌の読者に、望むらくは政策立案者に、ホッキョクグマの長期的未来が危機的だと気づいてもらうことでした」と、ごく最近の秋の日、いっしょにハドソン湾西岸を飛んでいるときに彼はいった。アムストラップは、海岸線で死んでいたホッキョクグマに関するレポートの追跡調査をしていた。論文の二番目の目的は、「人類の活動が作り出した長期的な地球温暖化傾向とより短期的な自然界の気候変動の組み合わせが、長期的傾向のみを原因にした海氷減少が危機的限界に達するよりもずっと早く、ホッキョクグマの破局的な壊滅を引き起こしかねないこと」の指摘だった、と彼は説明した。「三番目の目的は、管理者と政策立案者に、初期段階で事態を管理するためにできる種々の現場作業があることを認識させ、彼らが選ぶことになるそれぞれの選択肢にどのくらいの経費が必要か、わきまえておいてもらおうということでした」

アムストラップは今回の行動要請には、ホッキョクグマ保護論者が一九六〇年代に直面した危機に似たところがあると見ているが、考慮すべき違いがひとつあると考える。

「このような状況は誰も経験したことがありません」と彼はいった。

「もちろん四〇年前にホッキョクグマの保護に関する国際協定が締結される前も、科学者たちはクマの未来を心配していました。ですがその頃認知されていた脅威というのは主に狩猟と、あとは彼らの生息地での産業開発など地表に手を加える作業でした。

ところが現在一番大きな問題は気候変動で、そのせいで海氷が急速に溶け始めています。一年のうち三カ月から五カ月の海氷のない時期があると、多くのクマは好物のワモンアザラシを捕食するための足場として、海氷を使うことができなくなります。結果としてクマたちは陸上で腹をすかせて過ごす時間が多くなり、北極圏に生きる人間にとってはこれまでにないリスクとなるのです」

現在、気候変動問題についてイデオロギー的な理由で深く対立している政策立案者に、自分たちが勧める提案を採用させるのは容易なことではないと、アムストラップは承知している。それぞれの戦略には複雑な事業計画、資金計画、政治的働きかけが必要なほか、懐疑派を威圧し、手順のひとつひとつが不可欠だということを説得する勇気が必要なことはいうまでもない。動物園でホッキョクグマの遺伝子を生かしつづけることができれば万々歳、というような最悪のシナリオしか残されないこともありうる。

だが彼は希望を捨てない。ひとつには、彼はかつて同じ状況にいたことがあり、やり抜いた経験があるからだ。たとえば、誰一人として、ホッキョクグマを絶滅危惧種としてリストアップするようジョージ・W・ブッシュ大統領の政府を説得することができようとは思ってもいなかったけれど、二〇〇八年に米国地質調査所のレポートが公表されるとすぐ政府はそれを実行した。

その件を振り返って、アムストラップはレポートに対する人々の反応に少し驚いたことを認める。ブッシュ政権は、ホッキョクグマを危惧種に指定せぬよう働きかけるサファリクラブ、エネルギー産業、科学公共政策委員会という右派組織、その他多くの富裕組織に取り巻かれていた。アラスカ州議会の反発はすさまじく、危惧種指定をやめさせるための研究資金として二〇〇万ドル（一億七〇〇〇万円）を割り当てた。研究目的があまりに明々白々だったので、アンカレッジ・デイリー・ニューズ紙の記者トム・キズィアは、アラスカ州議会は「何人かの高名なホッキョクグマ学者を雇おうとしている。だが結論はとうにできあがっているので、彼らには科学的なところをちょっと穴埋めさせるだけでいいのだ」と皮肉をいった。

しかし二〇〇五年、米国に本部を置く生物多様性センターが「絶滅の危機に瀕する種の保存に関する法律」に基づきホッキョクグマ保護を求めて科学的根拠を備えた請願書をまとめあげると、議論はホッキョクグマの絶滅危惧種指定を支持する方向へと急転。当初ブッシュ政権はこれに抵抗した。だがセンターの法律家は粘り強かった。法律事務所の弁護士を味方につけ、彼らは自分たちの請願書に対する政府の返答を迫る訴状を二度提出した。

その時点でもおおかたは、政府は米国地質調査所のアムストラップと彼の同僚たちが執筆を委託されたレポートを無視する術を見出すだろうと思っていた。ところが無視どころではなく、レポートを受け取った内務長官のダーク・ケンプソーンは、それ以外にチョイスはないだろうと認め、そこに記された提案をしぶしぶ了解したのだった。

「私はこのモデルから導き出された将来予測が間違っていること、そして海氷がこれ以上減少しないことを切に願う」と数日後ケンプソーンは、ホッキョクグマの「絶滅危惧」種指定決定を公表する際に述べた。「しかしながら、現在私が参考にすることのできる最高の科学的知見によれば、そのようなことは将来四五年間にわたってありえない」

その後の展開は、どう贔屓《ひいき》目に見ても完璧とはいえない。しかしブッシュ時代のホッキョクグマ保護を阻もうとしたメンタリティは過去のものとなり、二〇〇九年には五万平方キロメートルのホッキョクグマの生息地が特別指定を受けた。さらにアメリカ人ハンターは、カナダで撃ち取ったホッキョクグマの身体部位を持ち帰ることができなくなった。

こうした変化には希望も湧くけれど、カナダでのホッキョクグマ保護の努力はここ数年それほどうまくいっていない。カナダにおける問題は二〇〇七年、多くの科学者が北極圏の気候変動はもう臨界点に達したと確信し、冬期の氷結が夏期の融解に追いつけなくなったとき、表面化し始めた。二〇〇七年の暑さは、氷河の流出から海氷の薄化、ナキウサギからホッキョクグマ、アラスカの北極海漁業、そしてハドソン湾のホッキョクダラの分布状態まで、あらゆることに影響した。ホッキョククジラは三年連続、カナダ北極圏に長居しすぎるというミスを犯した。ずっと早くに腰を据えるべき寒波が遅れて突然到来したものだから、六〇〇頭以上いたイッカククジラのうちの開氷部分にいた小集団が、急に凍り始めてせばまる海面に空気を求めて急浮上し、大勢の成獣に突き上げられた赤ん坊クジラたちが海氷の上へ放り出されてしまった。

その同じ年、カナダにいるホッキョクグマの状況が、カナダ絶滅危惧種現状委員会COSEWICによって再調査されることになっていた。COSEWICは野生生物の専門家と科学者によって構成される独立組織で、その主たる任務は特別な注意を要する生物種はどれか、政府に対してアドバイスをする仕事である。彼らは報告書のなかで、たとえばホッキョクグマのような動物が、絶滅種、絶滅危惧種、絶滅危機に直面、のいずれに分類されるか、あるいは特別な注意を要するかを決定することが多い。特別な注意を要すとされた動物については、皮肉なことに何のアクションも取られない。

大多数の人々は、海氷の急速な減少という事態に鑑みて、COSEWICはホッキョクグマを「絶滅危惧種」に指定すべしと推薦するだろうと考えていた。ところが委員会はホッキョクグマの地位を一九九一年と同じ「特別な注意を要す」ものとして勧めたのである。

これには多くの人たちが驚いた。しかし、デロシエ、スターリング、そして国際自然保護連合の事実上全メンバーは驚かなかった。COSEWICのために報告書を書いた共同執筆者の一人は、デロシエたちがよく知る人物だった。ミッチ・テイラーは一時期ヌナヴト準州のホッキョクグマ専門の生物学者だった。当時も今もテイラーは気候変動懐疑論者である。彼はその立場を、二〇〇八年のマンハッタン宣言に署名することで明らかにしている。同宣言は、気候変動との戦いは「知的資本と資源の危険な無駄遣いで、それらは人類にとってリアルで深刻な問題の解決に充てられるべきだ」という。彼のような署名者は、「近代の工業活動から排出される二酸化炭素が、過去・現在・未来において破局的な気候変動をもたらす、説得力のある証拠はない」という。

ブッシュ政権時代の二〇〇六年にホッキョクグマの保護の請願が行なわれたことについて、テイラーは断固反対の立場を取り、内務省魚類野生生物局に宛てて、気候変動が動物を絶滅に追いやることはないという趣旨の一二ページの手紙を書いた。「新たな環境のなかでホッキョクグマが適応できないという証拠は存在しない」と彼は論じる。気候が暖かければホッキョクグマの食料は増加する、とまでいう。また、北極圏における石油とガスの開発や汚染物質の発散がホッキョクグマを害するという証拠もない、という。

テイラーの言動はすべて周知の事実だったのだから、COSEWICの第一級の科学者たちはテイラーの報告書と提案を、政府の審議に回す前に、もう一度考え直してみることはできた。だがそうはせず、彼らはテイラーが結論を導き出すのに使った科学的データにおかしなところはないと強調し、テイラーの肩を持った。COSEWICの一人の科学者は、スターリングとデロシェからの批判は個人的なもので専門家としてのものではない、とほのめかした。

カナダ政府にしてみれば願ったりかなったりだった。当時、ブッシュと同じく首相だったスティーヴン・ハーパーは、気候変動に係わることには信条的に反対していた。ハーパーは京都議定書を「仕事を潰し、経済を破壊する」ことに合意したもので、「気候の動向に関する不確かで矛盾だらけの証拠」を基にしている、と表現した。京都議定書を実行に移せば「石油産業は損なわれる」と述べたこともある。

ハーパー政権下で、ホッキョクグマの研究は大変な苦難の時期を過ごした。カナダ環境省のホッキョクグマ研究者としての地位から退いたスターリングは、今アルバータ大学の特任教授として思うがままに意見表明をしている。ほとんどの政府系科学者の例にたがわず、彼の後継者であるニック・ルンは、公に意見発表をすることができずにいる。ルンに与えられた予算も、ハドソン湾西岸のホッキョクグマをヘリコプターで観察するのにぎりぎりな額までに削減された。

そうこうするうちにカナダ政府は、カナダ北極圏西部で米加両国が共有するホッキョクグマ集団の管理責任を米国内務省魚類野生生物局にまかせるかたちで、手を引いてしまった。皮肉ともいうべきは、米国政府が内務省海洋エネルギー管理局を経由して、カナダ側でのホッキョクグマ研究調査費用をデロシェに対して給付しつづけているという事実である。

最近の動きとして、カナダ政府は「絶滅の怖れのある野生動植物の種の国際取引に関する条約（CITES）」、つまり、ワシントン条約付属書Ⅰにホッキョクグマを含めようとする米国の提案への反対に成功した。CITESは国際的な各国政府間の取り決めである。その目的は、野生動植物の輸出入が種の存続を脅かさぬようにすることだ。ホッキョクグマが付属書Ⅰに掲載されると、毎年イヌイットとスポーツハンターによって合法的に殺されている五〇〇頭から取ったクマの部位の輸出が禁止されてしまう。

共存の取り組み

一見すると絶望的なカナダだが、全部が全部というわけではない。過去五〇年にわたって、マニトバ州政府は、ハドソン湾西岸のチャーチルという小さな町とその周辺に迷い込んでしまった何百頭というホッキョクグマに対処する、さまざまな革新的方法を試している。その計画は理想的とはとてもいえないし、スタートした一九六六年から今もって道半ばのままだ。当時のチャーチルは、軍隊が引きあげた一九六五年頃から落ちぶれるまま取り残された港町だった。

その頃のチャーチルに明るい未来はなかった。町の端から端まで歩くのに一〇分から一五分しかかからない。道筋にあるのはエスキモー博物館、チャーチルホテル、ハドソンホテル、ギゼルの店、ベイ・モーターズ・ガレージ、フリーメーソン会館、ハドソン湾商店、騎馬警官隊事務所、そしてつけがきくジガードソン&マーチンのスーパーマーケット。商活動といったらこのくらいだ。イグルー劇場はその夏を最後に閉じてしまったし、町唯一のレストランだったステーキハウスも閉店した。

住宅事情はもっと悪かった。多くの家がタール紙を張った骨組みむき出しの掘っ立て小屋で、町の条例などを無視して増築部分がつなぎ合わせてある。水はトラックで運ばれてきてドラム缶に溜めておく。石油ストーブ、石炭ストーブ、薪ストーブで暖をとるが、最新の安全基準に合ったものなどない。

一九六〇年代にチャーチルの住環境を評価するため、政府から送り込まれたコンサルタントによれば、彼が現地に到着する以前から健康有害要因については何度も注意喚起がなされていた。コミュニティにはびこる「前代未聞の不潔さ」について、政府が何もしてこなかったことを彼は非難する。チャーチルの生活状態は「カナダ国内最悪の部類に属する」と彼は報告した。

この報告書には誰も関心を示さなかった。援助の手を差し伸べるどころか、政府は、一九五八年にオーロラ帯観測のためにチャーチルに建設されたロケット発射場の二五〇〇人の従業員を解雇すると公表した。チャーチルからの移転を示唆されていた北部の行政サービスは、フロビッシャー・ベイ（現在のイカルイット）へ移ることになった。この流れに乗った世間の声や新聞の社説は、金食い虫の港は閉鎖されるだろう、いや、閉鎖すべきであると物申した。同地域を代表していた政治家、ゴードン・ベアードはこうした勝手な意見に捨て鉢になり、それならば政府は「全部やめてチャーチルなんぞホッキョクグマにくれてやればいい」と進言する。

ところがホッキョクグマはチャーチルの住民にとって、深刻な別の問題を起こしていた。軍隊が撤退したあと、コミュニティのごみ捨て場や、ときには民家にまで入り込んで食べ物あさりをするために、堂々と町へやってくるクマが増えてきた。住民と財産を守るため毎年、多いときでは二九頭ものクマが射殺されていた。

一九七〇年代には、問題解決のために何もなされなければ、手のほどこしようがないくらい悪化することが明らかになった。驚くべきことに、科学と健全な判断と世論が手をたずさえて、状況を逆転させることになる。一九七六年、チャーチルの全成人にホッキョクグマ問題をどうしたらいいかと当局が尋ねると、案の定皆殺しにしてしまえという声がいくつもあった。しかし、野生動物専門家が驚いたのは、彼が一軒一軒の郵便受けに調査票を入れて回ると、かなりの人数が、クマと共存する道をどんなことをしても探りたい、と回答したことだった。

返事の多くは、おおむね平凡な暮らしを送ってきたふつうの人々からの短くて単純な手紙かと思いきや、過去に起きたことを回想し、将来何をすべきか熟考した長文の手紙だったのである。ホッキョクグマには人一倍悩まされてきた高齢の女性は、手書き四枚の手紙を送ってきた。手紙が冗長になったことの詫《わ》びとともに。野生動物専門家は彼女の洞察にいたく感銘を受け、ホッキョクグマ問題解決策を練るための委員会のメンバーに招き入れた。

公共政策の観点からすると、そのような委員会を設置したことが、メンバーの持ち寄った

野生動物管理官は、町で悪さをするクマたちを殺す代わりに、収容所へ入れておく。

管理計画が真剣に検討されることになった何より重要な理由だったと思われる。こういうケースでよくあるように、地元政治家や政府の役人を委員会の構成メンバーにすることもできた。その代わりにコミュニティから男性、女性、罠猟師、先住民のリーダーを招き、委員会の野生動物専門家や保護担当官と合流するかたちにしたのである。

二〇一二年、ホッキョクグマ管理方法の選択肢について討議するためオタワに集まった一二人の科学者と同様、この場合もメンバー全員が一丸となっていたわけではない。ただしそこには、目的完遂のための十分な善意と適度な妥協があった。

チャーチル・ホッキョクグマ委員会が一九七七年に起草した計画は、時代に先んじたものだった。それまで射殺されていた、いわゆる不良グマのためのホッキョクグマ収容所も、そこから結実したのである。クマを追い払うためのもっと人道的な規則も提案され、野生動物観察の機会創出も発案された。委員会は、将来の管理方法策定に際しては、科学的研究と一般人の啓蒙が必要であると力説した。要するに委員会メンバーは、ホッキョクグマを残飯あさりをする大型ネズミとは見なさず、尊重に値する誇り高き動物だと位置づけてほしかったのである。

それ以降チャーチルの住民の大半は、ある意味で町がホッキョクグマに救われたということもあり、クマを愛するようになった。一九八四年までにはホッキョクグマが観光客呼び寄せの目玉となり、町のビジネスのドル箱になり、ナショナル・ジオグラフィック誌、オーデュボン誌、スミソニアン誌、ニューヨーク・タイムズ紙、タイム誌、ロンドンのデイリー・ミラー紙、フィガロ紙などが、このテーマで雑誌や実録特集のかなりのページを割いた。一九八四年にライフ誌の編集長は、チャーチルのホッキョクグマに関する五〇〇〇語の記事を、トリノの聖骸布の記事とビートルズ訪米二〇周年の記事のあいだに持ってきた。

当時マニトバ州の長官、現在はホッキョクグマ監視事業の責任者であるピアース・ロバーツは、この事業がこんなにも成功した理由のひとつに人々の啓蒙があったという。二〇一二年には事業部によって射殺されたクマは一頭もいなかった。さらにいうと、一九八三年以降クマによって殺された人は皆無である。

ロバーツと保護担当官からなるチームは、アンドルー・デロシエとその同僚が論文のなかで略述した難題はよく承知していた。たとえば、一九八七年から二〇〇四年にかけてハドソン湾西岸でホッキョクグマの個体数が二二％減少したとき、チャーチルへ侵入するクマの問題もそれなりに減るだろうと思われたが、実際には大いに増加した。一九九二年から二〇〇二年のあいだに、管理官たちは一四九五回の通報に対応したが、次の一〇年でその回数は二八〇七回と倍増している。

仕事が増えた分、財源が圧迫された。二〇一一年の人件費は二〇〇〇年の四倍に増え、運営費用は倍になった。

「過去から学んだことのひとつは、チャーチルの人とクマを守ろうとすると次々と新しい難題が出てくるということです」とロバーツはいう。「ですから、相次ぐ状況に対応するために、常に新しいやり方をひねり出さなければなりません。簡単なことではありません。とりわけ気候変動のせいで、みんなが予測しているようなことが起きるとすれば」

デロシエは、北極圏のイヌイットたちのより小さなコミュニティの多くは、チャーチルが享受しているような財源には恵まれないだろうと思っている。またその一方、チャーチルでの経験から学んだとても大事な点は、関係当事者全員の意見を訊くようにしなければならないということだ。

「北方のコミュニティにとってホッキョクグマの優先度はとても高いわけですが、そのことと、クマの生息地から遠いところに住む人々がクマに対して全地球的な意義を託している事実とは、ぶつかり合うものではありません」とデロシェはいう。「早めに選択肢を検討すれば、計画も早く立てられます。最悪のシナリオは、妥当性を欠いた計画のせいで、腹ぺこの何百頭というクマに早々と逃げられてしまうケースです。

私たちは気候変動とホッキョクグマの事件簿を読み解くのに、いつも後手後手に回っているような気がします」と彼はいいそえた。「それは保護計画が三世代――ホッキョクグマの場合三六年から四五年――にわたる生息数の見通しを基本にしているからだと思います。こうした時間枠だと、そう急ぐこともないと考えがちになります。しかし科学的には間違った考えです」

この間違った考え方は、過去一〇年間にハドソン湾西岸で起きた変化によって痛打を食らった。一〇年前、ダリル・ヘドマンのような野生動物管理官は、同地域にハイイログマが移動してきているという報告を嘲笑した。最後にマニトバでハイイログマが目撃されたのは一九二三年で、それが射殺されたのも海岸からはだいぶ離れた場所だった。だがその考え方は、二〇〇八年にヘドマン自身がチャーチルの近くでハイイログマを見てから変わる。それ以降のハイイログマ目撃のリストのなかには、ピアース・ロバーツと彼の上司が見たホッキョクグマを殺して食べるハイイログマも含まれていた。

シャチもまたハドソン湾西岸のホッキョクグマの王国へ移動してきた。チャーチルのイヌイットや地元観光ガイドがシャチの存在を報告し始めた数年前、科学者のスティーブ・ファーガソンは、ヘドマンがそうだったように半信半疑だった。だがその懐疑心も、ハドソン湾西岸や北極圏のほかの場所でのシャチ目撃情報が一〇〇件を超すと、抗しがたい好奇心に変わった。今ではファーガソンは、北極圏全域とはいわぬまでも、ハドソン湾西岸における海洋食物連鎖の頂点に立つ捕食者はホッキョクグマを押しのけてシャチになるだろうと確信している。

ホッキョクグマがいなくなれば、未来の北極圏は今とは全然違った場所になるだろう。クマの消滅によってチャーチルのような町が貧しくなるだけでなく、衣食をクマに頼り、スポーツハンティングがもたらす収入で生きているイヌイットも困窮するだろう。

だがホッキョクグマは、食料源や衣料の材料になったり、スポーツハンティングによってコミュニティにかけがえのない現金収入をもたらすだけの存在ではない。カナダのイヌイットから「ナヌク」と呼ばれるこの動物は、機知に富みアザラシ狩りにかけては抜群の猟師であるがゆえに、イヌイットは過去・現在の、さらには現世のみならず来世につづく自分たちのアイデンティティの力強い象徴としているのだ。イヌイットはホッキョクグマを怖れるよりも、自分たちの似姿として畏敬の念を抱いている。すなわちアザラシ狩りの達人として。

こうした事実のほかさまざまな理由から、ホッキョクグマを救う方途を見出すことには決定的な重要性がある。彼らを失えば北極圏の生態系をゆるがすだけでなく、自分たちが引き起こした気候変動に対処することができなかった人類敗北のあかしとなるだろう。簡単な解決策はない。しかしまた、冷戦絶頂期の一九六〇年代、ホッキョクグマ保護の協定交渉のためにソ連を巻き込んだときも、簡単な解決策はなかった。最終的には、科学的知見によって、環北極圏各地の政策立案者に、地上最大の食肉獣を救うための必要な手を打たせるべく説得することに成功したのである。もう一度同じことができない理由はない。

【注釈】

【1】 ハイイログマ Grizzly とホッキョクグマ Polar Bear のハイブリッド種なので、グロラー Grolar と呼ばれる。

第6章

岐路に立つカリブー

ユーコン準州北部のポーキュパイン・カリブー。過去20年間、乱獲などさまざまな理由で、カリブーとトナカイの数が急速に減ってきている。

写真：著者

カリブーの激減

カナダのグレート・スレイブ湖から北東へ数百キロメートル行くと、マッケンジー川流域をめがけて南西へ下る流れと、北極海めがけて北東へ下る流れのふたてに分《ぶん》かつ、水流の分水嶺《すいれい》としての小高い丘がある。一番長いのが、北東へ向かい北極海に至るバック川だ。八〇〇キロメートルにわたって八三カ所の急流と滝を越え、途中には流れを迂回《うかい》させたり樹木のない土地を切り裂くダムも鉱山も採掘井《さいくつせい》もない。

一九九三年の夏、私はバック川の源流を見つけようと、グレート・スレイブ湖から北極海へカヌーの旅をしていた。その小高い山の見晴らしのいい地点からいくら目をこらしても、近くの湖を起点にして北東へ流れているはずの急流が見当たらない。眼下の谷に見えるのは、ツンドラに点在する池のひとつから別の池へ間欠的に流れる浅い細流だけだった。どうやらその年の暑くて長い夏が川の源流を干あがらせてしまったらしい。

すでに困難をきわめた旅だったから、三人の仲間に、次の池までカヌーを担いで何キロメートルも歩かねばならなくなったとはいいにくかった。彼らが丘のてっぺんにいた私に追いつく前に、私は遠くのほうに二頭のカリブーの影を見た。二頭は私のほうを見てから背後を振り向いた。あたかも、誰かに追いかけられてこちらへ向かっているかのように。数時間前に見かけたオオカミに怯《おび》えているのだろうと最初は考えたが、二頭のあとにつづいて来たのが一〇頭、そして数十頭になり、ついには何百頭にもなったとき、私は自分の間違いを悟った。私たちは大暴走と向かい合っていたのだ。

それから丸三時間、カリブーはひづめを鳴らし息を切らせ、続々と走り抜け、もうもうと立ちこめる土ぼこりは、沈む夕陽に照らされて赤と黄の狂炎と化していた。その情景は私の心を奪った。徒歩旅行やカヌーの旅、またさまざまな野生生物調査に参加して北極圏を動き回ってきた私だが、こんなにたくさんの動物が移動しているところを見たことはなかった。一万頭、あるいは一万五〇〇〇頭、ひょっとすると三万頭はいたろうか。かくも多くのカリブーが、かくも広大な空間を疾風のごとく駆け抜けるとき、頭数の見積もりは正確さからは程遠い無益な企てになる。

世界には何種類かの野生のカリブーとトナカイがいる。北方樹林に棲むどちらかというと定住性のもの、ほとんどの時間を山のなかで過ごすもの、一年中高緯度北極圏にいるスヴァールバル諸島のトナカイやグリーンランド北部のピアリランドのカリブー、そしてその日私たちがバサースト地方で見た、不毛のツンドラから長距離を走破して初秋に樹木限界線の内側に退避し、冬のほとんどをそこで過ごすもの。

山から山を越え、ツンドラを横断し、深い雪をかきわけ凍結した川を渡る無類のスケールの大移動と、個々の群れを構成する膨大な個体数で、バレングラウンド・カリブーは最も感動を与える。彼らを記録しつづけるのは、金もかかるし困難であり危険でもある。六月下旬から七月にかけ、アブやブヨにたかられてカリブーが群れとなって寄り添い始めると、生物学者と技術者たちは胴体部にカメラをつけた飛行機に乗って群れの上空を飛ぶ。送信機を仕込んだ首輪を前もって装着したカリブーが、パイロットを最大集団のほうへ導いてくれる。

群れの大きさにもよるが、個体数調査を完成させるために十分な数のカリブーを数え、写真を撮るには、低空飛行調査を三日はつづけなければならない。たいてい空模様に悩まされる。また、ある場所では調査済みの群れが、別の群れにまざり込んでいることもある。いずれにせよ、本格的な仕事は飛行調査のあと、照明を落とした研究室の壁にプロジェクターで投影した写真のカリブーを、生物学者が一頭ずつ数えるところから始まる。

一九八六年、科学者たちはバサースト地方のカリブーの群れは四五万頭以上からなると、合理的根拠をもって確信していた。その数はアラスカ州、ユーコン準州、ノースウェスト準州に棲むポーキュパイン・カリブーの倍以上になる。にもかかわらず、一九八〇年代にエネルギー産業がアラスカ州の北極圏国立野生動物保護区にあるカリブーの繁殖地で、開発のための掘削工事を始めるべく不退転の行動に出たときに、ポーキュパイン・カリブーが一身に集めたような注目を引くことは、決してなかった。カナダの北極圏中央部には懸念されるような道路も鉱山も油井《ゆせい》もなかったから、バサースト地方のカリブー集団が危殆《きたい》に瀕しているとは誰も考えなかったのである。

カリブーが北半球を歩き回ってきたこれまでの一六〇万年間、その個体数は氷河期と退氷期のサイクルとともに増減を繰り返してきた。そのあいだ、ケナガマンモスのような氷河期の動物の多くが絶滅してしまったのとは反対に、カリブーは生き残る術を見出していた。最近の一〇〇〇年は地域別に増減しているが、それは氷河とは無関係のさまざまな理由によるもので全貌は明らかではない。というようなわけで、私がカヌー旅行をした頃に減少傾向を見せ始めていたバサースト地方のカリブーを、それほど気にかける人はいなかった。しかし、二〇〇三年に入ってから個体数が三分の一に減っていることがわかると、心配する人たちが多少出てきた。だがまだパニックにはならなかった。個体数が三万二〇〇〇まで減った二〇〇九年になるまでは。

この激減を引き金として、多種多様の管理案を引き出すべく会議、分析、ワークショップが矢継ぎ早に開催され実行された。個体数回復をうながす最善策として狩猟禁止が提案されたとき、御当地北部の政治家や生物学者連中は針のむしろに座す思いだった。禁猟は二〇一〇年に施行されたが、先住民のグループからは異議申し立てを受け、スポーツハンターたちからは怒声があがった。短期間のうちにそんなに多くのカリブーが消えてしまったことが理解できなかったのである。

深刻な危機に陥っていたのは、バサースト地方のカリブーだけではなかった。環北極圏トナカイ監視評価ネットワークという、ベテラン生物学者ドン・ラッセルやアンヌ・ガンたちによって無償で運営されている組織によれば、世界中のバレングラウンド・カリブーの二四の集団は常に個体数管理がなされているが、減少しつづけている。わずかに三集団、多くて四集団が個体数を増やしているが、その増加率はなだらかだ。北方樹林と山岳地のカリブーの動向を調査対象に含めた科学者のリヴ・ヴォースとマーク・ボイスによる別の計測方法によると、世界中の科学者たちが過去一〇年間に調査した主な四三集団のうち、三四集団が衰退の一途をたどっている。個体数でいうと、科学者たちが記録した過去の最大値から五七％の落ち込みである。

二〇一四年五月にユーコン準州で開かれた北米カリブー・ワークショップで私が聞いたすべてを総合すると、世界中のカリブーの減少は、その規模においてバサースト地方カリブーの最近の激減と同様、衝撃的なのだ。生物学者のジュリアン・マンギーは、一九八〇年代にはジョージ川流域の集団が八〇万頭以上いたのに、ジョージ川が流れるケベック州北部とラブラドール地方には今や一万六〇〇〇頭しかいない現状を、ショックもあらわに物語った。マイク・セッターリントンは、カリブーの生息数が一八万から一万二〇〇〇に減ったバフィン島のメアリー川で、鉄鉱石開発事業のリスク管理がいかに骨の折れる仕事かを説明してくれた。

カリブーの個体数減少はどうやら北極圏をぐるりとめぐる問題のようで同時発生的な面もあり、三五〇名の専門家を一堂に集めたユーコン・ワークショップに参加していた先住民のリーダーたちにしてみれば、今さら何をという話だった。「我々の長老と話してごらんなさい。

そんなに昔のことではなく、山全体がカリブーとともに動いていた、なんて話をしてくれますから」とユーコン準州内のクワンリン・ダン族先住民[1]の評議員ジョーン・スミスがいう。「食卓にカリブーの肉が出なくなったことを惜しんでいるのではなく、カリブーが私たちをひとつの民族としてつなぎとめてくれていた、あの暮らしを失ったのが無念なんです」

イヌイットやデネ族、その他北極圏の人々にとってのカリブーは、北米のインディアンにとってのバイソンと同じなのだ。バイソンが大草原から一掃されたとき、部族文化は崩壊し再興することはなかった。

未来の北極圏からカリブーが消えれば、それもまた致命的だろう。カリブー四、五頭で僻《へき》地《ち》の小村一家族の食費を年間二〇〇〇ドル（一七万円）から四〇〇〇ドル（三四万円）浮かすことができる。だがこの動物の重要性は、経済的な間尺を超えている。アラスカでもカナダ北部でもスカンディナビア北部、あるいはグリーンランド、北極圏ロシアでもいい、いずれのコミュニティを訪れてみても、カリブーが彼らの衣服に、彼らが書きしるし物語るストーリーに、彼らの作った工芸品に活かされていることに気づくだろう。ホッキョクグマと同じく、カリブーも多くの人々の暮らしのなかで、ほとんど神格化された存在になっている。猟師はカリブーを殺すたびに、神ないしは創造主に捧げ物を奉じる。

凍結死

いくつかの地方でカリブーが減少した原因のひとつが、乱獲であることは事実だ。二〇〇九年まで先住民が毎年殺してきたカリブーの数は、バサースト地方のカリブーに限ってみても四〇〇〇頭から七〇〇〇頭だった。そのうちの多くは雌で、群れの個体数維持のためには不可欠だ。ある調査によると、バサースト地方の集団内の雌の数は一九八六年の二〇万三八〇〇頭から二〇〇九年には一万六四〇〇頭に減っていた。

しかし狩猟だけがカリブー急減の理由ではない。カリブー専門家が心配しているのは、北極圏の急激な温暖化である。ただでさえ、深い積雪、捕食動物、病原菌、害虫、牧草不足などのせいで命を削らざるを得ない環境であえぐカリブーにとって、新たなストレスになる。

気候変動によって生じるのは、規模と火勢と頻度においてこれまで以上の森林火災とツンドラ火災、過酷な天候とアイス・ストーム[2]、大きな川や湖の凍結時期と氷解時期のずれ――これはカリブーの移動に影響を与える可能性がある。また、ノースウェスト準州のグレート・ベア湖地方に棲んでいたカリブーにはなじみのなかった寄生虫病も発生し、新たな気候状況で元気づいた害虫に悩まされるカリブーは、食事もままならず、安産に必要な身体づくりができなくなる。

一九九三年にバック川をカヌーで旅したとき、私はハエなど双翅目《そうしもく》の連中がカリブーだけ

ハドソン湾西岸で撮影されたカマヌルジュアク・カリブー。

でなく、我々人間をも悩ますものだという実体験をした。暖かな無風の日、雲霞《うんか》のごときブヨの大群をかき分けて歩くのは、なんとなく紅海を渡るモーゼのような気分だった。ときおり振り返ると、歩いてきたところだけブヨなしの小径になっている。夕食時にはいつも、献立にないはずの黒塗りのタンパク層が、トッピングとして料理の上に乗っていた。夜になってテントに入る段になっても、たいてい最初の半時間は、私たちの後をつけて入ってきた何千匹というブヨを叩きつぶすのに費やされた。そのとき初めて、ある量を超したブヨの死骸の山は、いくぶん腐敗の進んだ魚のような匂いを発することを知った。
　大きな雄カリブーが害虫からまぬがれようと、川のなかを狂ったようにのぼりくだりしているのを見たこともある。ときに何頭かのカリブーは、私たちの前方にある急流に向かって、その先に何が待ちかまえているかなどお構いなしに身を投げ出すのだった。ある暖かな静かな夜、十数頭のカリブーが私たちのキャンプに突進し、カヌーをなぎ倒し備品を蹴散らしていったが、苦悩から逃れるための破れかぶれのひと暴れとでもいうしかない。

肉食動物から逃れるために深く積もった雪のなかを旅せざるを得ないとき、カリブーたちは、長く厳しい冬を生き抜くために地衣類やほかの植物を食べあさるよりは、走りつづけてくたびれ果てるほうを選ぶのは明らかだった。数年前にカリブー専門の生物学者が案出した荒削りなモデルは、この害虫と深雪の組み合わせがポーキュパイン・カリブーの運命を向こう一〇年どのように左右するか、理論的にではあるが描いてみせた。

そのモデルによればカリブーが肉食動物の餌食や狩猟の獲物になること、その生理学をも考慮し、もし夏に害虫の攻撃が少なく秋冬の積雪が少なければ、個体数が一五万五〇〇〇から二一万四五〇〇近くまで着実に増加すると予測する。だが、積雪がふつうだと個体数は若干減る。積雪量が多く害虫の攻撃が激しいと個体数は一一万六〇〇〇まで減る。

モデルの洗練度が低いのはさておき、少なくともノルウェー南部でなされた研究によって、これと同じことが現実に生じていることが明らかにされている。害虫に悩まされていたあいだの埋め合わせとして餌あさりに精出すのではなく、カリブーたちは単にやせ衰える道を選ぶのだった。

もうひとつの懸念は、北極圏ですでに積雪がある上に雨が降ってくる可能性だ。凍結が繰り返される晩春の前に積雪と降雨の組み合わせがもたらす効果は、カリブーにとって致命的である。地衣類やほかの植物を、カチカチに凍った雪と氷の下から掘り出さなければならないのだから。

生物学者のフランク・ミラーは、一九七四年にピアリー・カリブーというカナダの北極諸島にしかいない小型のカリブーを数える仕事をしていたとき、思いもよらぬかたちで降雨がもたらす影響を発見した。その昔、一九六一年に北極諸島の、空からの調査が初めて行なわれたとき、生物学者たちはピアリー・カリブーの個体数を大雑把に四万九〇〇〇頭と推測した。一三年後、ミラーが見つけることができたのははるかに少なかった。最初彼は、数え方でミスを犯したのだろうと思った。帰宅してから彼は、何かデータのなかに見落としていたものがありはすまいかと、気象記録を徹底的に見直した。記録からは、一九七三年の秋、積雪の上に降った雨が雪を凍結させたため、カリブーが地衣類を掘り起こすことができなくなったらしい、と想像できた。その冬に降った大雪は状況を悪化させた。しかし致命的だったのは、融解と凍結が繰り返される悪循環によって、春になると地衣類をおおう層がますます固くなったことだ。

ミラーは、その年北極諸島で八五％のピアリー・カリブーと七〇％のジャコウウシが餓死したと推測した。翌年以降、個体数はある程度まで回復しつづけたが、それも一九九五―一九九六年に再度すさまじい氷結が起きるまでの話だ。

今回ミラーは、事態がどのように展開するかを見るために現場にいた。しばらくあとに合流した私に、痩せこけたカリブーが地べたに倒れているのを見つけただけでなく、ある島からカリブーとジャコウウシが海氷を伝い、まだ深刻な氷結にやられていない別の島へ渡ったことを示す足跡を見た、と彼はいった。

ヘリコプターで一群の足跡をたどっていったミラーは、ジャコウウシの集団が、海氷の上で輪になって頭を外向きに突き出しているのを見つけた。オオカミに襲撃されたときによくする守備の構えだ。ヘリコプターの轟音《ごうおん》になぜ反応しないのか不思議に思ったミラーは、近距離で観察するためにパイロットに着陸してもらった。ウシたちから数メートルのところまで近づいて、彼は全頭が死んでいるのに気がついた。凍りついて固まり、彫像のようになって互いにもたれ合っていたのだ。餌を求めて移動し始めたとき、ウシたちはすでに瀕死の状態にあったのだろうとミラーは考えた。北極圏で過ごした三〇年間の長いキャリアのなかでも、一番奇妙なシーンだった、と彼はいった。

カナダのピアリー・カリブーだけが、積雪に降雨という状況に弱いというわけではない。ノルウェー科学技術大学の科学者、ブラーギ・ブレムセット・ハンセンが二〇一三年に発表した研究報告によると、トナカイ、ライチョウ、ノネズミ、ホッキョクギツネなども、積雪に降雨現象の影響をこうむっている。

こうしたできごとは過去のものとする証拠もあるが、将来もっと頻繁に起きそうだという研究や事例証拠[3]もある。ここ数十年、北極圏は北半球のほかの地域とくらべて二倍の速さで温暖化が進んでおり、秋には降雨をもたらし、春には早々と融解が始まり、過酷な凍結がますます生じやすくなる。

気温が上昇すると、カリブーは餌が一番必要なときに採餌《さいじ》できなくなるという困難に直面する。というのは、春の到来がだんだん早くなると、栄養価の高い植物の成長も前倒しになるからだ。ところがある地域では、カリブーの生殖と分娩が同じように早まるわけではなく、子どもが生まれたときには草の食べどきが過ぎてしまっている。

これらに加え、カリブーの好物の地衣類やそのほかツンドラ地帯の植物が、山腹を這《は》いあがり北方のツンドラ地帯へ侵入してきた灌木《かんぼく》や樹木に徐々に取って代わられている。北極生物学研究所のクリス・ハンダートマークは、北極圏で灌木の北進とともに森林火災・ツンドラ火災が増えてくるとヘラジカにとっては都合がいい、という。だが北米の北東地域に棲むカリブーは生息地の八九%を失うことになり、それ以外の地域のカリブーは六〇%を失うことになる、といい足した。

資源開発で奪われる生息地

このように変動する環境のなかで、カリブーはヘラジカとの競合に苦しむだろう。しかしカリブーにとって最大の脅威は、エネルギー産業、林業、鉱山など、彼らの生息地に侵入し、その土地を切り裂く開発業者なのである。道路、パイプライン、掘削プラットフォーム、鉱山、ダム、その他の人為的開発によって、カリブーたちの棲み慣れた原生林が面積と美質を失いつつある、私たちはすでにそうしたカナダ亜北極の北方樹林における変化を目の当たりにした。森林のこのような分断は、子だくさんのシカの移住をうながすことになり、オオカミたちは大歓迎だ。

このような状況下、カリブーが新たな土地へ移動することは可能だが、待ちかまえるのは適応か死だ。アルバータ・カリブー委員会が二〇一一年に発表した最新報告書によると、カリブーは十中八九死滅するだろうという。アルバータ州にいる一八のカリブー集団のうち三つは、生息地の喪失によりすぐにでも消滅するリスクにさらされている。六集団は減少傾向、三集団は安定しているが、残り六集団については情報不足でどのような状態にあるかわからない。だが委員会の科学者たちは、それらもまた減少傾向にあるはずだと確信している。

ブリティッシュコロンビア州の状況も同じように悪い。州政府の生物学者は、カリブーを捕食から守るために臨時的にフェンスのなかへ囲い込むという極端な手段を取っている。彼らは、二〇〇三年から二〇〇六年にかけてチサナのカリブー集団のうち一部の雌と子を保護するためにフェンスを有効利用したユーコン準州の例を手本にした。チサナの集団は、ユーコン準州西部とアラスカ州東部の国境沿い、ナッツォティン山中にあるホワイト川の源流付近を徘徊《はいかい》している。

アルバータ州では、カリブーが生息している少なくとも一五〇〇平方キロメートルという土地を囲むため、さらに大がかりなフェンスの設置を検討している。しかし今のところ、このアイデアは、設置とメインテナンスの費用を負担することになりそうな石油・ガス・林業各社の取締役会の会議室止まりとなっている。

生物学者のリチャード・シュナイダーとスタン・ブティンは、今や優先順位付けをする段階にきていて、絶滅寸前にある集団のどれかは諦めるしかないのでは、といい出している。動物保護に関連する数値をあれこれ計算してみた彼らと自然経済学者のヴィック・アダモヴィッツは、政府も産業界も、エネルギー・プロジェクトですでにはなはだしく分断化されてしまった地域ではなく、ウッド・バッファロー国立公園内外やアルバータ州とノースウェスト準州の州境近辺など、まだ比較的手つかずのカリブー生息地に焦点を絞ったほうが合理的だというシナリオを提出した。

カリブー生息地の六〇%を保護したとしても、それでもなお、アルバータ州のエネルギー産業と林業にとっての資源価値の九八%は維持できる、と彼らは結論を出した。しかしカリブー集団すべてを救おうとすると、これらの産業は数百億ドルの収入を失うことになる。「何頭のカリブーを救おうかという選択は社会的なもので、政治家や土地管理者の仕事であっても、科学者の仕事ではありません」とシュナイダーはいった。「でも、一番危険にさらされている集団を保護しようと、そこに努力を集中するのは賢くないように思います」

ウッドランド・カリブーの生息地の最南端で彼らの生活を脅かしている資源開発は、急速に北上してバレングラウンド・カリブーの領域に入り込みつつある。

ハドソン湾西岸のベイカー湖地方で、フランスの巨大原子力企業アレヴァは、ベヴァリー・カリブー集団の繁殖地の近くで一五億ドル（約一三〇〇億円）をかけてウラン鉱山の開発をしようとしている。この集団の個体数はここ数十年大きく上下していて、一九七一年の推定二一万頭から一九八〇年には一一万頭、そして一九九四年には二八万六〇〇〇頭だった。過去数年間になされた空からの調査では、雌と子の急激な減少が観察され、同集団の個体数が一九九〇年代にくらべるとはるかに少なくなっていることが予想される。

バフィン島の北部にあるメアリー川で、マイク・セッターリントンに調査を依頼した鉱山会社バフィンランドは、北米の北極圏で最大の鉄鉱石露天採鉱場を建設し、一八〇〇万トンから二〇〇〇万トンの鉄鉱石を、ツンドラ地帯を横切る一六〇キロメートルの鉄道を敷設して運送しようと計画している。

水圧破砕法[4]はカナダ南部と米国で多くの議論を呼んでいるが、北極圏でも影響が出始めている。ノースウェスト準州のグレート・ベア湖地方で行なわれているシェールガスや従来からの石油・ガス開発のせいで、カリブー生息地の分断が生じているが、それはカナダ政府が作った北方樹林カリブー復興戦略に示された限界にすでに近づきつつある。

ほぼ同じような経緯が、北極圏全域に散見される。ロシア北極圏では、トナカイ遊牧民のエヴェンキ族が、ニューヨーク市の一〇倍の面積に相当する土地を冠水させてしまう、一三〇億ドル（約一兆一〇〇〇億円）の水力発電ダム建設を止めようと奮闘している。グリーンランドでは、二〇〇〇年に建設されたカンゲルルスアーク空港とグリーンランド氷床をつなぐ三五キロメートルの道路のせいで、すでにカリブーのカンゲルルスアーク・シシミウト集団が生息地の大きな変更を強いられた。この道路は四季を通じて旅行者、日帰り観光客、ハンターの輸送に使われるが、かつてカリブーが産前産後を過ごしていたデリケートな生息地を貫いている。現在は、世界最大のアルミニウム・メーカーのアルコアが、グリーンランドのいくつかの水力発電ダムに沿って巨大精錬所の建設を目論んでいる。

入ってくるニュースの全部が全部、悪い知らせというわけではない。実際にはかなりの吉報も含まれている。悪天候がつづいた数年間、ポーキュパイン・カリブーの頭数勘定はほとんど不可能だったが、二〇一二年になされた調査では一九万七〇〇〇頭という数字が示され、調査を開始した一九七二年以来最大となった。狩猟数の制限が施行されてはいたけれど、これだけの増加がありうるとは誰も予想していなかった。

アラスカでは、アラスカ州の中央部からユーコン準州にまたがる生息地の九〇％から姿を消していたカリブーのフォーティマイル集団が、最近数十年ぶりにユーコンの州境に姿を現した。一九七三年に六〇〇〇頭しかいなかったのが、今では五万六〇〇〇頭に増えている。

命のコントロールは許されるか

野生動物管理官が動物復興の後押しのためにできることは、限られている。以前日常的にやっていたように、オオカミを殺したり不妊手術をほどこしたり移動させたりすることは、今でもある程度まではなされている。バサースト集団とフォーティマイル集団を対象に実施済みで、ジョージ川流域集団が棲むラブラドール地方でも試そうとしている禁猟ないしは狩猟数の制限も可能だ。あるいは、アラスカ州の北極圏国立野生動物保護区、ユーコン準州のアイブバビク国立公園、ノースウエスト準州とヌナヴト準州のトゥクトゥト・ノーゲイト国立公園などにおいて米国とカナダが実施してきたような、カリブーの生息地——なかんずく生育地——を開発事業から確実に保護することもできる。これらすべてが失敗したとしても、ハドソン湾の北端に位置するサウサンプトン島で最後の一頭が殺された一〇年後の一九六八年に、島へカリブーを搬入したような移住作戦も可能だ。

オオカミは野生動物管理上の問題児として長らくぬれぎぬを着せられてきた。二〇世紀のほとんどの期間を通じて、米国とカナダ政府は組織的にオオカミを殺してきた。まず野生動物管理官はオオカミ殺しを奨励するため、報奨金制度を使った。次に毒殺、足かせ罠、さらにはヘリコプターに射撃の達人を乗せて皆殺しをはかった。極端な例として、ミネソタ州北部でオオカミの巣を掘り起こして、子どもたちを絞め殺したケースもある。北方の先住民たちにも彼らなりの害獣管理方法があって、あるときは子を殺し、あるときは巣から取り出した子を自分たちのそり犬と掛け合わしたりもしていた。

害獣管理のこうした方法が効果的すぎるときもあった。ワイオミング州のイエローストーン国立公園やカナディアン・ロッキーのバンフ国立公園で、オオカミを全滅させた例である。(その後バンフには少数ではあるが戻ってきており、イエローストーンでは再導入に成功している)。だが、ほとんどの計画は失敗だった。オオカミはいくら殺されようと、獲物に手が届く限りたちまち個体数を回復する、その速さを生物学者が過小評価していたからだ。

多くの批判を浴びたオオカミ絶滅プログラムは、アルバータ州、ブリティッシュコロンビア州、アラスカ州を除くほぼ全域で中断された。昔と今の違いは、現在の野生動物管理官たちはオオカミの頭数制御プログラムのさじ加減を身につけた、という一点である。大半の捕食獣制御の専門家がよりどころにしている手法によると、当該地域のオオカミの最低でも六〇%——できれば八〇%——を殺すことができれば、獲物になっていた動物は、適当な生息地が確保される限り、数年内に個体数を回復する。

生物学者のボブ・ヘイズは、科学と保全生物学の名のもとに、八五一頭のオオカミを殺し、多くのオオカミに不妊手術をほどこした。その後の約二〇年間、彼はユーコン準州のカリブー、ヘラジカ、その他の被食動物を保護するために必要なことをやったと確信していた。抗議活動をする人たちがユーコン準州議会でお互いを鎖でつないだり、ヘイズの乗ろうとしていた飛行機を壊したり、彼を仕事場まで追いかけ、自宅までつきまとったりしたけれども、彼は信念を曲げなかった。

政府の仕事を辞めて数年後、ヘイズは野生動物管理組織から、オオカミの殺処分を、当時誰もが衰退の一途をたどっていると考えていたポーキュパイン・カリブーの減少に歯止めをかけるための一手段と見なすべきと思うか、と尋ねられた。彼はきっぱりと「ノー」といった。捕食獣の頭数制限が許容される状況というものがあるか、という質問に対する答えも同じだった。

「私は、殺処分によるオオカミ制御が被食動物におよぼす影響を、一八年間研究してきました」とヘイズはいう。彼の自費出版本、『ユーコン準州のオオカミ』は、二〇一〇年に出版されるや大きな関心を呼んだ。「科学が明らかにしたのは、オオカミを殺すのは生物学的に間違っているということです」

ヘイズは、命をあやめずにオオカミをコントロールするほうが、殺処分よりは好ましいと信じている。彼はアラスカで、カリブーのフォーティマイル集団の夏期生息地と同じ場所に棲むオオカミの一五の群れにほどこした不妊手術を例としてあげる。不妊手術と同地域に棲む別の一四〇頭のオオカミを移住させたことが、カリブーの個体数回復につながった。

ヘイズは、野生動物管理官が動物たちを自然のままにしていてくれることのほうを好んだろうが、それでも、生物学者たちがユーコン準州のチサナ集団内で子カリブーの生存率を向上させるための斬新な計画を発案したとき、賛辞を惜しまなかった。同集団の個体数は、一九八七年の一八〇〇頭から二〇〇三年には七〇〇頭へと減少していたのだ。その計画は一一五頭の妊娠した雌を捕獲してフェンスで囲われた土地へ搬入し、そこでトナカイ用の餌と人手をかけて集めた地衣類を食べさせる、というものだった。このようにしてオオカミとクマから保護しつつ、囲みのなかで雌カリブーが産んだ子どもが肉食獣から自力で逃げられるまでに成長すれば、彼女らは自然に放たれる。この囲い込み方式で、子どもの生存率は一〇%から七五%へと飛躍的に上昇した。

アルバータ州では二〇〇六年以降、オオカミを組織的に毒殺ないしは射殺してきたが、二〇一〇年に州政府の生物学者が試みた妊娠したカリブーの囲い込みは、失敗に終わった。その本当の理由を知る人はいないのだが、学者たちは、囲い込み期間を終えて放たれた場所の地形が、エネルギー開発事業によってあまりに分断され、カリブーたちがうまくやっていけなかったのではないかと考えている。カリブーたちに必要なのは、石油・ガス産業や林業開発によって細分化されていない保全された土地だ、と彼らはいう。

スタン・ブティンもこの見解を否定しない。彼はリチャード・シュナイダーとともに著した論文のなかで、アルバータ州の中西部と北部のカリブー生息地には合計三万四七七三基の油井、六万六四八九キロメートルの作業道、一万一五九一キロメートルのパイプライン、一万二二八三キロメートルの道路が建設されていることを確認した。これ以外に樹木が伐採された広大な開放地域がある。

開放地にはヘラジカやアメリカアカシカ、そして特にオジロジカとミュールジカが好んで棲む。こうした動物の数が増えれば、自然とオオカミの数も増える。地衣類の採餌場所として、また肉食獣からの避難場所として原生林に依存するカリブーはたいていの場合、皆伐された開放地から痩せつつある原生林を経由して別の開放地へゆうゆうと移動するオオカミにとって、手軽な餌食にすぎない。

アルバータ州北部のアルバータ・パシフィック・フォレスト・インダストリー社で働く生物学者エルストン・ズスは、二〇一四年にユーコン準州で開催された北米カリブー・ワークショップで科学者たちに助言をした際、シカの北方移動をさまたげる方法が見つからないままだと、シカが北極圏のカリブー保護の「アキレス腱」になるだろう、と彼独自の表現を使って警告した。ズスは何ができるかについてはアドバイスしていない。唯一の方法は猟師を雇いシカが限界線を越えようとしたところで射殺するしかないが、それは不可能ではないにしても現実にはありえないことだ。

生命の持つ力を信じて

究極的な解決方法はカリブーの生息地の保護ないしは復旧である。カナダ政府は二〇一二年に、裁判所からの命令でもあり、とうの昔に開始すべきだったウッドランド・カリブー復興計画の実行を約束した。計画では、カリブーが棲んでいる生息地の六五％を手つかずのまま放置しておかなければならない。カリブー生息地のうち手つかずの部分が六五％を下回る場合には、荒らされた生息地を元に戻して六五％という限界値を達成しなければならない。だがそれでも、カリブーが自立できる可能性は六〇％にしかならないが、この水準でも個体数の維持ないし増加は可能というのが政府の計算である。

このような約束をしたり、何百万ドルもの広告費をかけてニューヨークタイムズ紙、ワシントンポスト紙、ニューヨーカー誌、その他のメディアを通じ、カナダが環境保護に関していかに良い仕事をしているかを世界に対して告知したりしているが、そうした努力からはほとんど何も生まれていない。こうした偽善的側面は、二〇一四年に開かれたワークショップの二日目、参加者が、アルバータ州政府は一七平方キロメートルにおよぶ手つかずのカリブー生息地――絶滅の危機に瀕した二つの集団にとって決定的に重要な――を売却することに決めたというニュースに接したとき、赤裸々になった。ここでもまた、エネルギー開発がもたらす収入のほうが、カリブー保護にかかる支出よりも魅力的だったのである。

石油・ガス開発——ダイヤモンド、金、鉄鉱石、ウラン鉱山の開発も同様——が引きつづきツンドラを切り開いてゆくならば、北極圏に位置する諸政府は皆ひとしく同じジレンマに直面する。とはいえ、ある種の開発に包囲されたカリブーは生きながらえることができないかというと、そうではない。バフィン島のメアリー川の鉄鉱石採掘にゴーサインが出された場合には、少なくとも、マイク・セッターリントンの助力を得て考案された適応管理戦略が活かされる。採掘業者はカリブー管理問題が浮上するたびに、この戦略に則って対処することができるのだ。

メアリー川の開発とグレート・スレイブ湖の北東にある三カ所——まもなく四カ所になる——のダイヤモンド鉱山の開発は、それに係わる企業がバフィンランド社の適応管理戦略と同じことをするならば、カリブーの将来に大きな影響をおよぼすことはないだろう。とはいえ、将来さらに数十件、ひょっとすると数百件の新規開発が見込まれるが、大雪、過酷な気象条件、凍結、火災、植生の遷移、肉食獣、害虫の攻撃などが将来のシナリオを左右する変数となった場合には安閑とはしていられない。

以前、私たちはそのような状況を目撃している。一九七四年、アルバータ州で操業していたオイルサンド企業は一社だけだった。当時は誰一人として、アルバータ州政府でさえ、開発の波が押し寄せてくるなどとは夢にも思っていなかった。しかしながら、生物学者のジャン・エドモンズは、アルバータ州中西部の山岳部と丘陵地帯に棲む二四頭のカリブーに送信機を仕込んだ首輪をつけて追跡していた一九七九年という早い時期から、カリブーに大きな災難が迫っていると感じていた。私はそのことをよく覚えている。というのは一九八一年に飛行機の後部座席でバウンドしながら彼女といっしょにカリブーを探すという、みじめな一日を過ごしたことがあったからだ。当時すでにカリブーは急激に減っていた。

私は彼女のことを生まれついての楽観主義者だと思っていたから、カリブーに必要な生息地を政府が確保しない限りカリブーは消滅する運命にある、と彼女が平然といったとき、私は驚いた。禁猟なんか役に立たない、と彼女は主張した。だがカナダ政府は彼女の忠告に耳を貸すことも、その後カリブー管理について政府に助言すべく設置された専門家委員会の意見を聞き入れることもなかった。環境保護論者と先住民グループは何度も政府を相手取って、危機に瀕するカリブーやほかの動物を保護するための緊急措置を取らせるべく、訴訟を起こした。二〇一四年二月の判決でカナダ連邦裁判所は、環境大臣と水産海洋大臣が適切な措置を違法に先延ばしにしていたと断じた。

アンヌ・ガンは、北極圏のカリブーの生息地が少しずつ奪われてゆくことに懸念を表明する点で、まさにエドモンズと同じだ。とりわけ、それがカリブーたちが地球温暖化の影響をこうむり始めたのと同時に起きたからだ。三〇年以上の野外調査の実績をもつガンは、古生物学者のグラント・ザズラと同じく、カリブーは温暖化のような気候変動には適応できると信じる人たちだ。けれども、カリブーにとって重要な生息地、特に生育地と移住通路を確保する手段が講じられないと、適応はできないと彼女は考える。カリブーの大集団二四のうち、ポーキュパイン・カリブー集団とブルーノーズ・ウエスト・カリブー集団の生育地だけが大部分、あるいは完全に保護されている。

「カリブーにとっては『スペース』が問題なんです。つまり、彼らがどれだけのスペースを必要と感じているのか。そこには、私たち人間とどれくらいの距離を置く必要があると感じているのか、というスペースも含まれるわけです」とガンはいう。「気候変動と乱獲は本気で取り組まなければいけない大変深刻な要素です。でも、私たちがカリブーに必要なスペースを与えてやれなかったら、現在の減少傾向に歯止めをかけることはできないでしょう」

あるカリブー集団の個体数減少が止まらずに全滅寸前になった場合、何頭かを捕獲しておき、将来自然に帰すというやり方は常にある。この方式は——最後の手段ではあるが——以前、ハドソン湾北端のサウサンプトン島など数カ所で試されたことはある。

だがこの移住作戦は、一九九七年にノースウエスト準州の野生動物管理者たちが気づいたように、政治・文化的な、また計画遂行上の問題を含んでいる。

高緯度北極圏での二回目の凍結が起きて、ピアリー・カリブーの九〇%が死滅した翌年の一九九七年に、ガンと彼女の同僚たちは大胆な計画を提案した。カナダ軍が輸送機ハーキュリーズを北極諸島のバサースト島まで飛ばし、そこでカリブーを捕獲するための野生動物保護のメンバーを待機させる。捕獲したカリブーたちはカルガリー動物園所有下の野生動物飼育場へ運ばれ、そこで二〇年、いや五〇年、あるいは一〇〇年間、高緯度北極圏が彼らを迎え入れることができるようになるまで保護されることになる。

カナダ軍を含む全員が、計画を実行に移そうとすぐさま馳せ参じたのはある意味で奇蹟だった。だが残念なことに、直接の影響を受けるイヌイットには誰も相談していなかった。そうした事情があって、最初のカリブー空輸が猛吹雪のために土壇場で取りやめになったとき、イヌイットのリーダーたちが割り込んできて、どんな野生動物であれ、それを捕まえて動物園まがいの囲いに放つなどということは、我らの哲学に反すると声高に告げた。訴訟沙汰になったり、政府広報も厄介な攻防に巻き込まれかねないと、ノースウェスト準州政府は計画を取り消した。

この計画は不評を買ってしまったけれども、北極圏内だけで完結する類似案について議論する価値はある。南の連中が考案し管理するものよりも、イヌイットや先住民たちからの地元のサポートはずっと得やすいはずだ。

私がそう再認識したのは、二〇一四年のカリブー・ワークショップの前日、ユーコン準州政府の生物学者トム・ユングと空を飛んでいたときだ。その日ユングはカリブー探しをしていたのではない。彼は、その地方から姿を消し、その後、人為的に再導入されたシンリンバイソンを探していたのである。

シンリンバイソンを元の生息地で復活させようという国家保護政策の一環として、最初一四二頭のバイソンが北へ搬送され、一九八八年から一九九二年にかけてフェンスで囲まれた土地から放たれたが、その再導入計画に賛成する人はほとんどいなかった。バイソンたちは人々の期待どおりにふるまってくれず、効果はなかった。三頭はアラスカめざして西へ去り、ホワイト・ホースの野生動物保護担当官に連れ戻してもらうことになる。残りは東へ移動してクルアニ国立公園の東部、ルビーレンジとエイシック湖地方へ。先住民たちは、ただでさえ絶滅の危機にあるヘラジカとカリブーが追い散らされてしまうことを怖れて、バイソンなどには来てもらいたくない。そのうえ悪いことに、気性の荒い雄バイソンが人望の厚い長老の屋外便所をぶち壊してしまった。先住民以外の多くの人たちは、バイソンの移住は税金の無駄遣いだと見なしていた。

しかしこうした否定的な空気も、バイソンの数が増えて狩猟が再開できるレベルに達すると変わってきた。「狩猟期間は冬だけに限定しました。仔牛に育ってもらえる時間がかせげるし、もし春と夏に解禁してしまうと植物にダメージを与えかねませんから」と、その日ユングは私にいった。「このやり方は大変好評でした。冬のユーコンで唯一狩りができるのがバイソンということになったからです。この地方のレジャーにもなったし、その季節を楽しみに待つということにもなりました」

今では大半の人たちが、自分たちを取り巻く景観のなかにバイソンがいるというイメージになじんできた、と彼は付け足した。生態系の一部になりつつあるからだ。

「二十数年が経って、オオカミはバイソンの仔牛を餌食にし、リスはバイソンの毛で巣作りをしています。そして先住民、ハンター、地域住民たちはバイソンの管理についてなんであれ主張する権利を持っています」

シンリンバイソンは未来の北極圏でうまく生き延びていくだろうと、ユングは確信している。「以前生物学者は、シンリンバイソンには、ウッド・バッファロー国立公園内部とその周辺のピース・アサバスカ・デルタに見られるような森林と湿地が必要だと考えていました」と彼はいう。

「彼らを山岳動物だと見なした者はいませんでした。ところが辺りが緑に萌え立つと、眼下に見おろしていたバイソンのほとんどが小山の上へ移動してきます。バイソンが羊を上から見おろしているシーンを見ましたが、それは奇妙な感じでした。彼らの移動をさまたげるのは深雪と凍結した大きな湖です。どういうわけか、バイソンは氷の上を歩きたがらないのです」

成功の秘訣はゆっくりやることだとユングは考える。「動物たちがかつて棲んでいた場所へ再導入するための近道はありません」

一九六〇年代のホッキョクグマと同じく、シンリンバイソンもこのところずっと絶滅への一直線をたどっている。シベリア、アラスカ、ユーコン準州、ノースウェスト準州に棲んでいた彼らは、乱獲と気候変動のせいで過去数百年のあいだに事実上絶滅した。一九〇〇年頃には、アルバータ州とノースウェスト準州の州境に沿ったピース・アサバスカ・デルタ内部とその周辺のせまい地域に、三〇〇頭にも満たぬシンリンバイソンが生き残るだけになった。

カナダ政府が一九二五年から一九二八年にかけて六六七三頭のヘイゲンバイソンをこの地域に移住させたとき、ほとんど誰もがシンリンバイソンの純粋集団を保護するチャンスは失われてしまったと考えた。移住してきたヘイゲンバイソンが、まだ残っていたシンリンバイソンと気ままに交雑しただけでなく、彼らは南方でウシといっしょに草をはんでいたときに感染した結核菌やブルセラ菌も持ち込んできた。

一九五七年のこと、まったくの偶然だったが、ウッド・バッファロー国立公園内の孤立した地域で、純粋種のシンリンバイソンと思われる一群が空から発見された。カナダ野生生物保護局の生物学者ニック・ノヴァコウスキーは事実究明のため雪上車で現地に乗り入れ、間違いなくシンリンバイソンの集団であることを確認した。

まだ病気にやられていない遺伝子をそっくり保護しようと、ウッド・バッファロー国立公園の三〇〇キロ北に新規開設したマッケンジー・バイソン保護区へ、一八頭のシンリンバイソンが移送された。さらに二一頭をアルバータ州のエルク・アイランド国立公園へ移送。同公園は、減少していたヘラジカと、乱獲のために絶滅の危機にあったヘイゲンバイソンの保護を目的として一九一三年に設立されていた。

カナダの国立公園当局は、肉食獣がいないせいでやたらと増えてしまう柵のなかの動物の管理には全然乗り気ではなかった。シンリンバイソンの餌代で食いつぶされぬよう、また最初の数十年間によくあったことだが、餓死されないようにするため、当局はと場を設けて群れの数を減らすことにした。世論の高まりでこの選択肢を放棄せざるを得なくなったとき、彼らはバイソンを受け入れてくれる人々と土地を探し始めた。

昔の公園管理人というのは、野生動物の管理者というよりは農場主に近く、彼らの多くはバイソンの受け入れに否定的な感情を隠さなかった。それでも、当初残っていたシンリンバイソン三〇〇頭を元に、健康な四〇〇〇頭以上をノースウエスト準州、ユーコン準州、ロシア、そしてアラスカへ送り出すことができた。アラスカでは目下シンリンバイソン復興計画が進行中である。

病気の蔓延と生息地の破壊によって野生動物が大陸全体で大打撃を受け始めると、カナダの国立公園管理組織や以前は億劫《おっくう》がっていた管理人たちは、これまで長いあいだ重荷になっていたシンリンバイソンが、実は価値ある資産になっていたことに気づく。つまり、動物たちを元の生息地で復興させうる好機が到来すれば、そこから動物を引き出せる野生動物銀行として。

バレングラウンド・カリブーのために野生動物銀行を設立しようという考えは、自然界にまだ二〇〇万頭以上存在する現状だと、的外れだろう。しかしシンリンカリブー、マウンテンカリブー、ピアリーカリブー、そしてスピッツベルゲン島でかろうじて生き残っているスヴァールバル・トナカイなどの遺伝子を保存するための保険としては有効だろう。

だが結局のところ、未来の北極圏においてカリブーの存続を保証するための一番安あがりで一番有効な方法はというと、各種産業が進出してきて土地を切り刻み、分断してしまう前に、カリブーの生息地を保全しておくことなのだ。ポーキュパイン・カリブーの個体数が持ち直したのも、アラスカ州、ユーコン準州、ノースウェスト準州それぞれの州境周辺に住む先住民猟師が皆狩猟制限に賛同してくれたおかげだった。エネルギー企業がずっと目論んでいた、アラスカの北極圏国立野生動物保護区での掘削をやられてしまっていたら、この回復は不可能だっただろう。これらの州境やアイブバビク国立公園にある生育地が保護されれば、カリブーたちはずいぶん楽になる。

歴史をたどってみると、カリブーは北極圏の気候によく馴化《じゅんか》したケナガマンモスなど氷河時代の動物よりも、順応性があったことがわかる。だからといって、人間が新たに生み出したストレス要因も苦にしないというわけではない。目下カリブーが衰退しつつあることは否定できないけれども、私たちが認知しているよりは適応力があるということだ。ホッキョクグマが頼みの綱にしている氷と違って、カリブーがよりどころにしている生息環境の脆弱さは、私たちの力で多少はどうにかしてやることができる。彼らが必要としている場所が確保されれば、カリブーは未来の北極圏における生態系のジグソーパズルの大事なひとつのピースになりうる。いや、おそらくそうなるだろう。政策立案者が、カリブーが必要としている生息地をそっとしておいてくれる限り。

【注釈】

【1】原文は、クワンリン・ダン・ファーストネーション。ファーストネーションとは、カナダに住むイヌイット、メティ以外の先住民のことである。

【2】雨氷（うひょう）、着氷性の雨。物体に触れた衝撃で凍るため、道路の凍結や電線の破損、人的被害などを引き起こす。

【3】カナダ政府の絶滅危惧種サイト参照。http://www.sararegistry.gc.ca/species/speciesDetails_e.cfm?sid=823

【4】原文はFracking（フラッキング）。Hydraulic Fracturing（ハイドロリック・フラクチャリング）を短縮した造語。シェールガスや石油の掘削の際に、超高圧の液体を注入して、岩に割れ目を生じさせる手法のこと。

第 7 章

ドリル、ベイビー、ドリル

マッケンジー・デルタにて。背後に見えるのは、ガスハイドレートからメタンを抽出しようとする実験設備。日本とカナダの共同事業である。かつては手の届かなかった埋蔵物、すなわちエネルギー資源が海氷の融解によって姿を現しつつある。 写真:著者

ドリル、ベイビー、ドリル … 2008年、サラ・ペイリン(元・副大統領候補)が共和党全国大会の演説で発言し、民衆に支持され、共和党のスローガンのようになった。

最果ての島に眠る資源

壮大なる北西航路探索についての物語では、北極圏の風景を描写するのに、絵画のようなとか、荘厳なという形容詞が場所や状況や季節に応じて使われることが多かった。勇猛果敢な探検家を乗せて新世界をゆく船の名前には、テラー（恐怖）とか、この世と地獄のあいだにある暗黒の世界を意味するエレボス（冥界《めいかい》）といった不気味な呼び名が選ばれた。居住はおろか接近すら困難な広大無辺の世界だったから、話に耳をかたむける私たちは、南方の地に生きる自分たちの知覚には容易になじまぬ、とてつもないイメージの宝庫に圧倒されるだけだった。

そうした北極圏の光景の展開図のなかで、エルフリングネース島はこの世というよりも地獄に近い。カナダ北極諸島の北端のほうに位置するこの島は、B級映画に出てくる異星生物が頭をもたげたような、ツンドラの干潟から突き出たいくつかの岩塩ドームを除けば、ほぼ平坦で何の特徴もない。悪魔がみずからの手でブルドーザーをあやつり、河谷を鉱山屑《くず》で埋めならしていったようにも見える場所もあちこちにある。泥で濁った川床に、掘り返された大量の岩が列をなしている。どこを見まわしても色彩はみじんもなく、生命の気配もない。

カナダ政府が国内の居住適性調査をしたときに、この島の気候について一〇〇点満点で九九点と評価した。一〇〇点というのは最悪の点数である。ほかと比較してみると、エルズミア島にある北米最北端の軍事基地が一位から大きく引き離されて八四点、カナダ最北の主要都市中心部が三四点となっている。

人間は北極圏のどんな場所でも幸せに生きることができる、と豪語したアメリカ人探検家ヴィルヤルマー・ステファンソンですら、一九一六年の夏にこの島へ橇《そり》で向かったとき、これまでに見たうちで「最も不毛の地」と認めた。ステュアート・マクドナルドは、カナダ政府と米国政府がこの島で一九四八年から一九七八年にかけて運営していた測候所で働いていた科学者だが、「徹底的に荒涼とした地域」だと片付けた。

一九九〇年代に科学者のジョン・スモルとマリアンヌ・ダグラスがこの島でひと月を過ごしたとき、二人が見た唯一の生命のしるしは、苔《こけ》におおわれたカリブーの角何本か、必死になってアザラシを捕まえようとしていた腹ぺこのオオカミが二頭、墜落機の下に巣を作っていたレミングが何匹かである。墜落機というのは、積雪一三センチの日、両翼に分厚く着氷させた状態で、測候所のぬかるんだ滑走路から離陸に失敗した米国の輸送機だった。

私は、その鬱屈した土地に別れを告げるとき、何の未練もなかった。エルフリングネース島への旅に同道した石油地質学の専門家は、ツンドラの下に眠っているかもしれない石油とガスの存否を確かめにきていた。滞在中の短い期間、私たちにつきまとったのは深い霧、猛烈な凍雨《とうう》、そして雪嵐《ゆきあらし》のせいで、長時間テントにこもらざるを得ないこともあった。

ありがたいことに、私たちがテントをたたみ始め、装備を片付け、濁りきった飲料水の最後の一滴を捨てる頃には、いつになく青い空が広がっていた。目にとまった唯一のまがまがしい記憶、すなわち滞在期間中ほぼ常に私たちを冷えびえとしたねぐらに封じ込めてくれた分厚い霧は、遠い水平線上にとどまっていた。

しかし出発の直前になって、フライトの変更があった。それが私にどういう影響を与えるか、その朝の時点では想像もできなかった。地質学者のブノア・ボーシャンがどうしても帰宅便に乗り遅れたくなかったので、ヘリコプターの座席を私に譲り、彼は残りの調査チームとともにはるかに速度の出る小型旅客機DHC-6、ツイン・オッターで帰ることになった。

「これで君は風景を眺め渡すことができるし、僕は休暇に遅れずに済む」と彼はいった。

温かい食事とシャワー、清潔な服、清らかな飲み水、熟睡できるやわらかいベッドを楽しみにしていた私だったが、ヘリコプターで五、六時間飛び回れるせっかくの好機を逃すわけにはいかない。ホッキョクグマ、シロイルカ、ジャコウウシ、ホッキョクオオカミを見ることのできるチャンスがあるならば、時速一八〇キロメートルで高度三〇〇〇メートルをゆくほうが、雲の上を高速の双発機で一足飛びよりもずっとすばらしい。

そうこうしてみんなと別れの言葉を交わす頃、風が出てきたけれども、遠くに浮かぶ分厚い霧の壁はまだおとなしくしていた。そこでパイロットのビル・ターナーは、海岸線に沿って飛ぶ安全飛行をせず、砕けた無数の海氷の上に機体を向け、さだかには見えぬデヴォン島の一角をめざした。そこは燃料補給の中間地点で、四五ガロンのドラム缶が待っている。

ヘリコプターには頼り甲斐のあるGPSが搭載されているが、南へ向かう長旅の最初の行程は思わぬ展開になった。ほぼ完璧な空模様のなかを飛びつづけて半時間が経過した頃、離陸前はおとなしげだった霧の壁が、おどろおどろしい動きを見せ始めた。不気味にたなびく海煙となって海面をひたひたと迫り、濃度を高めてさらに不吉な鉛色の濃霧となった。

ターナーは何もいわなかったが、速度を落として徐行運転に入ったとき、私はただならぬ状況にあることを察した。アクリルガラス製の丸い風防は霧に包まれ、外界は単調な灰色で塗りつぶされている。そういうとき、パイロットは上下の区別がつかなくなることが多く、生死の瀬戸際に立たされる。そこを乗り越えられるかどうかは、経験と訓練だけでなくヘリコプターの計器類の正確さにもよる。最高の経験を積んだパイロットでも、そうした状況下では盲目飛行に近く方向感覚を失ってしまう。たまにパニックに陥り、計器の指示に信を置かず、直感に頼るパイロットもいる。

ニューファンドランド島に生まれ、霧と風と氷雨が日常風景のごく一部といった世界で育ったターナーは、そのような危険をはらむ間違いを犯すはずはなかった。彼はおもむろに、そのとき同じ方角をめざして雲の上のどこかを飛んでいたツイン・オッターのパイロットと無線連絡を取り、前方に何が見えるか、高い位置からの情報を教えてもらおうとした。

ツイン・オッターからの情報はかんばしくない。前方にもっと霧が控えていると聞いたターナーは、私たちの短期滞在をかくもみじめなものにしてくれたあの島へ引き返すことに決めた。

それは賢明な決断だったけれど、困難は山積みのままだった。デヴォン島行きをさまたげた霧は、エルフリングネース島への復路にも深々と立ちはだかっていた。強い追い風にあおられてヘリコプターが速度を増してしまうので、超低空飛行の態勢を取っていたターナーは気が気ではなかった。どうあっても避けたいのは、窓外に見える氷山のつらなりのいずれかに突進してしまい、迂回するタイミングを失うことだった。

イワシの缶詰がひとつ、チョコレートバーが数本、飲み水なし。あの島でまた夜を過ごすはめにはなりたくなかった。眼下にガチョウの羽毛が渦巻いて舞いあがってくるのが見えたとき、私は安堵の息をついた。二人の視線はまだ地表をとらえていなかったけれど、羽毛が見えるというのは私たちが地上に戻ってきたことの確かなサインなのだ。

私のエルフリングネース島への旅は、一〇日前、コーンウォリス島のレゾリュートにあるカナダ北極大陸棚研究基地からツイン・オッターに乗り、三時間をかけてユーリカへ飛んだところから始まった。ユーリカは、エルフリングネース島北端のソウトゥース山のふもとにある。ターナーはすでにユーリカのカナダ環境省の測候所で、エルズミア島北端のキャンプ地にいたボーシャンとカナダ地質調査所の地質学者スティーヴ・グラスビーを南方のエルフリングネース島へ運ぶべく待機していた。

ボーシャンとグラスビーは二人の学生とともに、政府後援を受けたいくつかの地質学チームのうちの一つとなり、その夏も極北を訪れ、北極圏のエネルギーと鉱物の潜在的資源の分布地図作成をつづけていた。

エルフリングネース島は荒涼とした人を寄せつけぬ場所だが、膨大な量の石油とガスがこの島や、北極圏周辺のもっと美しい景観に恵まれた地域から採掘される潜在的可能性がある。米国地質調査所は、包括的で非常に堅く見積もった推定値を発表している。同調査所の科学者の計算によれば、未発見可採埋蔵量九〇〇億バレルの石油、可採埋蔵量四七兆立方メートルの天然ガス、可採埋蔵量四四〇億バレルの天然ガスがある。合計すると世界中の未発見可採埋蔵資源の二二%になる。

表現を変えれば、北極圏には世界中の未発見石油の約一三%、未発見天然ガスの三〇%、未発見の天然ガスの二〇%があることになる。ここには北極圏のガスハイドレートに含まれるエネルギー資源が入っていないが、その量は世界中の主要ガス田のいずれをも凌駕《りょうが》する。

エルフリングネース島に最初に到着したとき、そのイメージは予期していたものとはかなり違っていた。霧、雨氷、雲、地獄のような風景というあらかじめ想像していたのとは違い、私たちが着陸したダンベルズドームにある標高五〇メートルの高台では、黄色いホッキョクヒナゲシと数頭のカリブーの上にまばゆい陽光が降りそそいでいた。

一、二時間のうちに霧の壁と冷たい雨が取って代わると何もかもが変わり、数百メートル先が見えなくなった。島で過ごす最初の夜、寒さをしのぐために身を寄せ合っているうちに、辺境の地で働くこの地質学者たちは巨額の政府予算の恩恵を受けてはいても、一カ月身体を洗わなくても平気で豆の缶詰だけで生きる岩石博士、という勇名を捨てるつもりはないことがわかってきた。

その夜、グラスビーが泥水をヤカンに入れてお茶の準備をしているかたわらで、ボーシャンはチーズの塊にこびりついた緑色のカビを楽しげにそぎ落としていた。私は主賓として、一缶四ドルの燻製牡蠣《かき》の缶詰を最初に味わう栄誉を得た。それを湿気たクラッカーに載せ、ひと口のスコッチ・ウィスキーとともに味わうのだ。ウィスキーは、わずかしか残っていない小さな瓶から慎重に分け与えられる。

そのときすでに燃料は乏しくなっていたので、気温は零度をほんのわずかに上回るだけだったけれど、夜間、ストーブでテントを暖めようなどという話にはならない。「来年キャンプにもっと大勢連れてきたら、水は大問題になるな」とグラスビーがいった。「この島にはシェール、つまり頁岩《けつがん》がたくさんある。シェールからは泥水が出やすい上にそれを濾過《ろか》するのはすごく難しい。きれいな水も多少はあるけど硫酸塩をたくさん含んでいる。ここの濃度だと利尿剤としての効果は抜群。それが原因なんだ、七〇年代にここに来た油田労働者がしょっちゅう腹をくだして文句をいってたのは。マネージャーが食事に問題があると疑ったせいで、どうもクビになったコックは一人どころじゃなかったらしい」

グラスビーから受けた第一印象は、どこか『スタートレック』のミスター・スポックに似ていて、人当たりのいいカーク船長みたいなボーシャンの引き立て役、というところだった。長身瘦軀《そうく》で髭《ひげ》面のグラスビーは事実を淡々と話し、クラスルームの生徒の前で語る地質学者か数学者のようだ。かつての指導者であり恩師でもあるボーシャンが何をしようと何をいおうと、グラスビーは動じずに飄然《ひょうぜん》としていた。

だが、ほどなくして私は彼という人物の別な面を知ることになる。それは主に、彼が妻子と大伯母について語った話を通してだった。

自分とは似ても似つかぬ女性だという意味で、グラスビーは妻に心から感服していた。家だろうと犬だろうと彼女は夫に相談せず躊躇《ちゅうちょ》なく買ってしまい、二週間の家族旅行もはっきりした計画のないまま出発する。

グラスビーは、英国でシェトランドポニーを育てている大伯母にも好感を抱いていた。彼女はポニーが台所に入ってきて食べたり寝たりしても気にせず、その代わり、グラスビーと父親が訪問中でもポニーが家のなかにいるときは、彼と父親を外のトラックに寝かせた。大伯母はその田舎では、ジョン・レノンに馬の扱い方を教えたことと、あのイタリアの独裁者ムッソリーニのためにポニーの仔馬を提供してやったことで有名だった。

グラスビーにくらべると柔和なボーシャンだが、北極圏の未来について、そして彼の研究がそのためにいかに有用かということになると、きわめて真剣になる。

「明らかに北米の北極圏は、エネルギー産業から鵜《う》の目鷹の目で狙われている」。彼はその夜、私にそう話した。「エネルギー開発の新時代が始まるのは時間の問題。これまでのエネルギー供給では、インドと中国の経済がフル回転し始めた以上、不足する」

事故による環境破壊

ものごとが急変するこの時代、北極圏の未来がどうなるのか、エネルギー権益にさとい者たちが未開拓のエネルギー開発に取りかかっている状況下では、なおさら見きわめることが難しい。エネルギー産業は、原油流出事故やガス爆発の長い歴史を持つだけでなく、氷と接触した油を除去する効果的な方法を持っていない。将来、流出事故が起きたとしたら、いや、避けがたく起きるだろうが、それが夏でも回収はきわめて難しく、流出や噴出が暗く寒い冬までつづけば不可能になるのはいうまでもない。

北極圏の生態系が気候変動にどう反応するか、科学者でさえ理解するのに苦しんでいるわけだが、北極海を取り巻く各国政府はその因果関係の曖昧《あいまい》さに乗じ、エネルギー産業に対して北極圏の最奥部・最遠部で地下の水圧破砕と沖合の探鉱を認可しつつある。万事うまくゆくだろうという、科学的知見とは相反する楽観的態度に基づいて、政策立案者たちは石油やガスの噴出などの事故が起きたとき、流出を止める予防策をゆるめようと本気で考えている。誰も、エクソン・ヴァルディーズ号原油流出事故[1]やディープウォーター・ホライズンという石油リグが爆発した事故[2]のことを真剣に考えていないらしい。過去を振り返れば、このような事故が将来も起きることがわかるにもかかわらず。

そもそも、エルフリングネース島でエネルギー企業が欲しがっているものを見つけるのに手を貸す地質学者たちに初めて会ったとき、彼らに何を期待したらいいのか私にはわからなかった。ボーシャンは何年か前、エルズミア島の山岳氷河のなかからエイリアンのようなバクテリアを発見したが、そのとき世界中のニュース取材記者が過熱した報道合戦を展開して以来、メディアを敬遠していることを私は知っていた。その発見は、地球上の生命発生の経緯を、銀河系のほかの場所での生命発生の可能性に結びつける類似例として、いつか役に立つかもしれぬという驚くべき側面があった。[3]ところがいくつかのメディアは調子に乗りすぎ、あたかもボーシャンが北極圏の凍りついた地下深くで、超小型ＥＴが生息している証拠を見つけたとでもいわんばかりだった。

事前に電話で話をしたときの感じからすると、グラスビーのほうでも私が同行することに疑問を持っていたようだ。間違っていたかもしれないが、政府予算のついた科学的プロジェクトを取材するジャーナリストを煙たがっている、という明確な印象を彼からは得ていた。そうしたプロジェクトは、環境保護論者のほとんどと一部のイヌイットのリーダーたちが自然のままにしておいてほしいと望む北極圏の、熾烈な開発につながりかねない。

二〇〇八年に創設された「エネルギーと鉱業のための地質マッピング」というカナダ政府

資金によるプログラムは、ボーシャンとグリスビーのほか、毎年石油地質学の専門家十数人を北極圏に呼び寄せ、エネルギー・鉱業セクターが新たな埋蔵燃料と鉱物資源を発見できるよう援助するために、創設以来一億ドル（八五億円）の血税を費やしてきた。二〇一三年に追加の一億ドルが約束され、補助金は二〇二〇年までつづく。

カナダ政府だけが、未開拓のエネルギーと鉱山資源の開発にせっせと便宜をはかっているわけではない。だがカナダは、北極圏に関心を持つ国々をまとめて統率している。カナダはイヌヴィックとツクトヤクツクを結ぶ「資源への道」を建設しているだけでなく、二〇一三年には北西航路を通るデンマークの貨物船（積み荷はもちろんカナダ産の石炭）をエスコートするカナダ沿岸警備隊による砕氷船の提供などの費用として一日五万ドル（約四〇〇万円）を負担した。船主は喜んでこの申し出を受けた。水深が浅いために貨物船の喫水を浅く保たなければいけないパナマ運河を通るよりも、石炭を二五％多く積めるからだ。また航路が短いので、ノルディック・オリオン号の船長は約四日、航海日数を節約することができた。それだけでも一〇〇万ドル（八五〇〇万円）の節約になったのである。

多くの点で、エネルギー産業が北極圏の環境におよぼす影響に対して心配することは至極当然であり、それはエクソン・ヴァルディーズ号の大酒飲みの船長が操舵を誤り、アラスカのプリンス・ウィリアム湾のブライ岩礁にぶつかっておよそ一一〇〇万ガロンの原油を流出させた一九八九年当時から変わっていない。数十億ドルの浄化費用をかけたあの事故は、北米における人為的環境破壊で最悪のものとされている。

四年間にわたる原油除去作業に二〇億ドル（一七〇〇億円）以上が費やされた。しかし環境におよぼした影響は、誰も予想しなかったほど長く尾を引いた。二〇〇一年に一万三〇〇〇キロメートルの海岸線で九六カ所の現場検証をした米国商務省海洋大気庁は、プリンス・ウィリアム湾に面するおよそ八万平方メートルの海岸線はまだ原油に汚染されていることを確認した。調査チームは、現場検証をした場所のうち五八％に原油が残っていることも確認した。

米国政府との民事和解でエクソン・モービル社は九億ドル、弁償金として一億ドル（八五億円）、刑事罰金として二五〇〇万ドル（二一億円）を支払うことに合意した。しかし二〇一三年時点で、米国司法省とアラスカ州政府は、魚や野生生物、生息環境に対してなされた未確定の損害に対応するための請求額九二〇〇万ドル（約八〇億円）の支払いを待っている。

エクソン・ヴァルディーズ号の事故は北極圏と亜北極圏の歴史に残る最大の惨事だったが、一般的な認識やエネルギー産業界による気休めとは裏腹に、一九六〇年代にアラスカ北部のプルドー湾で石油が見つかって以来、石油やガスの探索は、偶発的に発生する流出、噴出、さまざまな事故によって中断されてきた。

事故後の追跡調査としてアラスカ州知事が作成依頼した報告書では、その点が簡潔にまとめられている。「エクソン・ヴァルディーズ号事故は、類似ケースはありえないというようなきわめて異例な事故ではなく、二〇年近く我が国の石油海上輸送システムに浸透し、リスク水準を上昇させていた政策、習慣、慣行からふつうに生じたものである。エクソン・ヴァルディーズ号事故は起こるべくして起こったのである」

いわばスリル満点の西部劇はアラスカだけの話ではなく、カナダ北極圏でも展開されていた。従うべきルールはほんの少し、ルール違反があっても罰則はなきに等しく、一九七七年に作成された画期的かつ浩瀚《こうかん》な研究書のなかで「北極圏で起きるかもしれない原油の流出を閉じ込め除去する能力」は不在であると結論づけた科学者たちの声に、誰も耳をかたむけることはなかった。

私はこの自由放任主義のしるしを、その夏ボーシャンとグラスビーと飛び回った北極圏のほぼいたるところで見ることができた。錆びついたドラム缶の山、壊れた機械類、いたるところに散乱するごみ。デヴォン島、エルズミア島、エルフリングネース島、その他の島々の放棄された探査現場のトラックやトラクターの山のようなタイヤは、前の年に製造されたばかりのように見えた。

こうしたふるまいは、アラスカのプルドー湾で膨大な量の石油が発見されたことを羨んだカナダ政府が一九六八年、北極圏内自国領での資源開発を奨励する一〇年越しの計画に乗り出したときに始まる。七〇以上の企業と個人の権益を束ねたパンアークティック・オイルズ社が設立され、主要株主である政府意向の実行部隊となったのである。

一九七〇年代の世界的石油危機のあとに策定された国家エネルギー計画は、カナダをエネルギー自給自足の国にしようとするものだった。その目標達成のために、政府は一五億ドルをかけてペトロ・カナダ社という国営企業を設立し、同社にパンアークティックの政府保有株四五%と、現在オイルサンド事業の巨大企業となったシンクルード社の政府保有株一二%を移譲した。国家エネルギー計画の基盤となる石油奨励計画のもと、これに参画した企業は未開拓地での試掘井掘削コストの八〇%まで還付を受けることになった。追加刺激策として、そのうち何社かは開発費用の全額還付を受けた。

その当時は金が湯水のように使われた。あまり見込みのない場所でも何百という試掘井が掘られた。ロブスターの季節になるとツクトヤクツクのベースキャンプには、毎週生きたままのロブスターが空輸されてきたりと、油井現場チームはぜいたくな暮らしをしていた。一時期、無人島のメルヴィルにあるリー・ポイントの仮設滑走路の離着陸回数が、アルバータ州の州都エドモントンの滑走路より多かったこともある。

パンアークティック一社だけで一七五本の井戸を掘り、そのうち一四本はエルフリングネース島で掘られた。最も有望な一九カ所には五〇〇〇億立方メートルの天然ガスとある程度の石油が埋蔵されていると推定された。だが、このガスは一切市場に出回っていない。パイプで南へ輸送するコストと実務が非現実的なことが主たる原因で、ほんの少量の石油が一重構造の古いタンカーで輸送されているだけだ。

産業界が必要とする資金は存分にあるのだが、往々にしてパンアークティックのような企業は北極圏で石油やガスを掘削する準備ができていない。問題の一部は技術的なことだ。テキサスやアルバータでは通用する掘削技術であっても北極圏では使えない。実行の際の段取りもまた問題だ。たとえば、北極圏が四六時中暗く摂氏マイナス四〇度に凍りつく秋や冬に、深刻な石油の流出やガス爆発があったらどうなるか、誰も真剣に考えていなかった。

パンアークティックは、一九六九年と一九七〇年に掘削井戸の二本が爆発したとき即座にこの点に気がついた。最初の爆発はメルヴィル島のドレーク・ポイントで、作業班がすり切れたドリルパイプを交換しているときに起きた。思いもよらぬ泥と水とガスの噴煙が地上に噴き出したので、全員が安全な場所へ逃げた。毎日四万バレルもの海水と一〇〇万立方キロメートルのガスを地上へ汲みあげ、最終的には全員が一六カ月働きつづけ、ようやく流れを止めることができた。

次にキング・クリスチャン島で起きた爆発は、もっとすさまじかった。一九七〇年一〇月、試掘井戸が制御できなくなって爆発したとき、噴き出したガスの量はドレーク・ポイントの一〇倍だった。猛烈な火炎は、毎日二五〇万ガロンのガソリンを燃やすのと同等の勢いだった。キャンプ周辺の凍土の一部が割れて陥没したため、二〇〇人以上の現場作業員が海氷の上に避難せざるを得なかった。人員と補給品を満載したジェット機は、迫り来る焦熱地獄をまぬがれようと、なんとか飛び立つことができた。

井戸にキャップをする試みはさらに困難をともなった。人と機械の出入りを確保する道路もなければ、近くには港も町もなかったのだ。当時の清掃チームもキャッピング・チームも、あの夏、ビル・ターナーと私がエルフリングネース島へ戻ろうとした際に難儀したような不測の天候状況には無力なのだった。

結局、キング・クリスチャン島の井戸は事態収拾まで三カ月以上、ガスと炎を噴き出しつづけた。現在、この事故を知っている人はほとんどいないが、それはいまだにカナダ史上最悪の天然ガス爆発事故なのである。

だがパンアークティックやほかの企業は、厳格な監視システムもなければ何が起きているかについてしっかりしたメディア報道もないのをいいことに、これまでどおり事業を継続している。カナダ政府が株主だからといって良い方向に進んでいるようすはない。噴出は散発し、原油は地上に流出するも浄化されず、鉄屑、廃油、壊れたトラックは陸送あるいは海上輸送で南へ送り返したりせず、海に投棄されている。

パンアークティックがいつまでこのような破廉恥な環境乱用から責任逃れをしつづけることができたか、採鉱屑、機械類、ごみの不法投棄について従業員による内部告発がなされなかったら、誰にもわからなかった。そうした告発があったところで、もしもその一九八三年のケースを担当した裁判官が身体を張ってがんばらなかったら、それまでパンアークティックや他企業がすり抜けてきたように、なまぬるい処置だけで終わっていたかもしれない。

裁判官のマイケル・ブーラッサにイエローナイフで初めて会ったのは、彼が、一九七〇年代から一九八〇年代にかけて北極圏でエネルギー産業と鉱山業が事業を推し進める流儀について、はっきりとした懸念を表明する気鋭の裁判官二、三人のうちの一人だった頃だ。パンアークティックに科した一五万ドル（約一三〇〇万円）の罰金は当時、公害関連の罰金としてはカナダ史上最高額だった。

裁判官はふつう、環境政策についてのコメントは政治家や学者、環境保護団体にまかせておく。ところがブーラッサは目の前の問題にいたく心を掻き乱されたため、探偵活動めいたことに着手し、内密に政府調査官や私、そしてエネルギー産業を注視する立場にある上級官僚と話をした。

「この産業界はたいていの場合、狡猾《こうかつ》な策で誘導しようとしてくる。たとえばお話にならない提案を机上に乗せ、そのあと少しずつ色をつけてくる」。ブーラッサはみずからの体験を書き残したが、おそらくごく一部の法律家にしか読まれていない。「法律違反の処理なのにそれが交渉ごとになり、環境保護局の担当官が私に話した表現を借りると、中古車の売買みたいになってきて、はったり、駆け引き、強圧という手が繰り出される。絶え間なしの交渉、いい争い、提案に逆提案、という空気のなかでものごとの核心を見失いがちになる。明らかに犯罪があったこと、重要な法律が犯されたという事実を」

ブーラッサは加えていう。「政治家に強大な圧力をかけ、そこを通して規制団体に圧力をかけるような力は産業界にない、と思い込もうとするのは無邪気すぎる。政治家や官僚からの圧力によって、犯罪者との妥協を求めたり、裁きを回避させようとするのはよくあることである。しかし、規制当局が八方手を尽くしてそうした圧力に立ち向かうのもまた自明なのである」

ブーラッサによる画期的な罰金刑と、エクソン・ヴァルディーズ号事故のあと、さまざまな改善がなされてきた。たとえば、現在プリンス・ウィリアム湾には、原油流出の際、直ちに出動できるよう、訓練を積んで即応体制にある漁船が配置されている。また回収済み油の処理に関する手筈《てはず》もきちんと整っている。そのひとつとして、清掃兼回収船に赤外線カメラと通常のカメラを搭載したヘリウム風船をつなぎ、従来なされていた原油回収時の上空飛行監視を補完する方法などがある。

プリンス・ウィリアム湾における流出原油のこうした回収能力はユニークである。しかし大局的に見ると、北緯六〇度以北におけるエネルギー産業の原油流出事故時の回避体制や処理体制は、エクソン・ヴァルディーズ号が座礁した一九八九年当時とあまり変わっていない。加えて、最近南のほうで起きた原油流出、噴出、パイプラインの破裂などが示すように、規制体制とエネルギー産業の流出予防能力と流出原油清掃能力は、まだまだ不十分である。

過去の教訓

その事実は、二〇一〇年四月二〇日、メキシコ湾で英国石油会社BP社が保有する石油リグ、ディープウォーター・ホライズンから噴出した油が爆発を起こし、米国史上最大の沖合原油流出事故となったときに明白となった。一一人の死者を出し、環境に与えた損害は計り知れない。さらに少なくとも向こう一〇年はつづくと思われる法律論争は混迷をきわめ、ある法律専門家は「小説を読んでいるようだ」と皮肉った。

ディープウォーター・ホライズン事故とエクソン・ヴァルディーズ号事故は、もちろん事故展開の経緯が違うけれども、エクソン・ヴァルディーズ号の調査に係わった多くの人々は、一九八九年以降に学んだ教訓が顧みられなかったことから、メキシコ湾で歴史が繰り返されたのだ、と確信する。「残念なことです」とウォルター・パーカーはワシントンポスト紙に語った。彼はアラスカ原油流出委員会の会長を務めた人物である。「まるで私たちが、何のレポートも書かなかったようなはめになったわけですから」

もちろんBP社は、あれは予期せぬ災難であり、そこで「機械類の故障、人間の判断、機械設計、作業遂行、チーム間意思疎通が複雑かつ相互に絡まり合って事故が引き起こされ、拡大してしまった」と述べた。別の見方をすると、メキシコ湾でどんどん深掘りしたことで高まったリスクに応じた安全余裕度を考慮すべきだったがそうしなかった、あるいはたぶんそれを無視することで、安全性の許容範囲を拡大してしまっていたということになる。ここでは、ディープウォーター・ホライズンで働く従業員が、セメントで固めた油井内に炭化水素が流入していないことを確認する二種類の圧力テストを正しく理解していなかった。優秀なスタッフではあったが、その時点までに地下深くで何が起きていたか、想定することができなかったのである。

これは、海氷、二四時間闇に閉じ込められた冬、極寒、厳しい気象条件、という諸条件のせいで、単純な掘削計画であっても厄介な作業になる北極圏で海洋掘削をしようとしているエネルギー会社にも当てはまる話ではあるまいか。こうしたことのほか諸々の理由が加わって、ディープウォーター・ホライズン事故後、カナダと米国の当局は、北極圏で原油流出事故を防ぐために規制基準が十分かどうかの精査を始めた。

どちらの国も判断結果は同じだった。海洋エネルギー安全諮問委員会、米国商務省海洋大気庁、そして国家エネルギー委員会NEB――カナダの主要規制当局――は、エネルギー会社が石油採掘を実行している北極圏の特殊環境に対応するためには、現行の規制基準の徹底的な見直しが必要だと結論づけた。

驚くべきことに、自分たちの主要資金源であるエネルギー産業に対して甘すぎるとされることの多かったNEBが一歩踏み込んで、過去北極圏カナダで起きた多くの事故の根本原因には「共通した特徴」があると指摘した。彼ら自身の言葉で、「潜在的リスクを見きわめ、緩和し、除去するための方法と手順が軽視されているだけでなく、そもそも存在しない」と述べたのである。

「こうした欠陥の根底には」とNEBレポートはつづける。「安全を優先順位の第一に置かぬ組織文化がパターン化し、深部に巣くっている。組織の安全文化は、安全性に関する個々の従業員とグループの信念、価値、態度、行動から成り立つものだ」。NEBは北極圏で石油採掘を望む企業は「堅固な安全文化を持たなければならない」という方針を固めた。

もうひとつディープウォーター・ホライズン事故がもたらしたこととして、大規模原油流出、ガス田の爆発、そして北極圏での事故に対応できる船舶、装置、インフラに関する懸念の高まりがある。船もはしけもヘリコプターも出入りが容易だった沖合ですらディープウォーター・ホライズンの爆発をコントロール下に収めるには相当な困難があったのに、北極圏で同様の危機が発生したならば、その対応は不可能とはいわぬまでも、はるかに難しいことになる。もしもエルフリングネース島のような、遠すぎて接近も困難な島の沖合の分厚い氷の下で石油が流出した場合、あるいは二〇一二年の嵐のような猛烈な強さで長時間にわたり暴風が吹き荒れている最中に流出事故が起きた場合には、とりわけ難しいだろう。

カナダの北極圏には、流出原油清掃の基地としてふさわしい水深を備えた港がない。比較的浅いチュクチ海にある米国沿岸警備隊の基地が一番近いが、それでも一六〇〇キロメートル以上離れている。この地域には、原油流出事故の防止と緩和の機能が欠けている。安全に航行するための最新情報をもれなく載せた海図が、カナダ北部の多くの地域で欠落している。

このような欠陥は、ディープウォーター・ホライズン事故のあと、北極圏の環境保護団体グループによってはっきりと指摘された。彼らは、ディープウォーター・ホライズンでなされた最初の二四時間の対応と、チュクチ海で流出ないし爆発事故が起きた場合、ロイヤル・ダッチ・シェルが最初の二四時間に対応できることとを比較し、次のような諸点に着目した。

●ディープウォーター・ホライズンの爆発後二四時間以内に、三二隻の清掃兼回収船が出動した。これにくらべると、チュクチ海では一三隻しか使えない。

●メキシコ湾での石油の除去能力は一日当たり一七万一〇〇〇バレルだった。チュクチ海では二万四〇〇〇バレルである。

●メキシコ湾では、洋上貯蔵能力が一二万二〇〇〇バレル、予備能力が一七万五〇〇〇バレルあった。チュクチ海ではわずか二万八〇〇〇バレルしかない。

●チュクチ海で使用できるオイルフェンスは二〇〇〇メートルしかない。メキシコ湾では一三〇キロメートル分使用可能だった。

米国生物多様性センターやグリーンピースのような保護団体は、北極圏での海底石油採掘には断固として反対している。世界自然保護基金やピュー慈善信託のようなグループは、責任あるエネルギー開発と環境保護のあいだのバランスを主張している。このバランスを達成するために、以前米国内務省の役人で現在はピューの北極圏プロジェクトのディレクター、マリリン・ハイマンは、北極圏が遠隔地であること、インフラが不備であること、天候が厳しいことを考慮に入れた、海底石油採掘に関する世界最高の北極圏基準を米国が制定すべきであると強く提唱している。北極圏基準に関するピューの二〇一三年レポートでは、船舶、石油リグ、設備が最大限の氷圧力に耐えるよう建造されるべきであると勧告している。原油流出を制御する装置、たとえばリリーフ井戸や油井制御事故時の封じ込めシステムなどを北極圏仕様として設計し、すぐに使用できるよう現地に設置すべきとする。同レポートは、海底石油探査は氷のない季節に限るべきであろうともいう。

ピュー慈善信託や世界自然保護基金を含む複数の団体は、イヌイットたちの自給猟地、海洋哺乳動物の生息地、渡り鳥の飛来および高利用地域、生態系回復力に必要な地域と重なる海底石油採掘地域に適用される厳格な基準に加え、一定地域を確実に石油掘削全面的禁止区域とすべく、最新の科学的知見をまとめあげて提案した。

米海軍とカナダ軍ですら、北極圏での事故対応能力への懸念を表明している。現在のところカナダも米国も、北極圏で原油流出や天然ガスが噴出した場合、適切に対処するのに必要な砕氷能力を備えていない。米国沿岸警備隊は二隻の北極海用重砕氷船、ポラースター号とポラーシー号を所有しているが、いずれも三〇年の耐用年数を過ぎている。ポラースター号は、連邦議会が修理費拠出を決めた二〇〇六年から二〇〇九年まで予備役船扱いになっていた。沿岸警備隊の幹部たちは、修理が奏効することを祈っていたが、二〇一〇年六月、沿岸警備隊の二番目の重砕氷船ポラースター号は予期せぬエンジン事故を起こし、二〇一一年一〇月一四日に退役船扱いとなった。三番目のやや力の劣る砕氷船ヒーリー号は現役だが、主に科学的探査に使用されている。分厚い氷の世界でのポラーシー号やポラースター号の活躍にはおよばない。

二〇一三年七月に連邦議会に提出されたレポートのなかで、海洋問題の専門家ロナルド・オルークは、北極圏の安全無事を保つための全責務を遂行する上で、砕氷船が一隻しかないとどういうことになるか、潜在的帰結について述べている。

「技術的にどれほど進歩し、あるいはいくら効果的に運用されたとしても、一隻の砕氷船は北極圏の年間を通して一時期しか使えない」と彼は書いた。「砕氷船というものは常に造船所と工業施設によるメインテナンスと技術支援を必要とし、絶えず食料供給を要し、定期的に乗組員の交代もしなければならない。したがって一隻の砕氷船だけでは北極圏全体でまんべんなく、合理的な水準の活動をし、影響力のある存在であり、信頼度の高い臨機応変の出動を保証することはできない」

「二番目に考慮すべきは」と彼はつづける。「北極圏で活動する場合、過酷な天候ゆえに失敗する可能性が常にあることだ。砕氷船はもともと頑丈にできてはいるが、損傷やシステム不全は常にあるリスクなので、米国艦隊は支援態勢を提供できる十分な能力を備えておかなければならない。一隻しか砕氷船がないのだから、その活動はおのずと慎重な航行を主体としたものになり、信頼に足る支援が望めない以上、氷の状況が危険な場合には運航を控えるべきである。他地域で運航中ないしは母港待機中の二隻目の有能な砕氷船がいれば支援活動も期待でき、一隻目の砕氷船により果敢な作業をさせることもできよう」

これまで同様、米国がピンチに陥ればカナダが手助けをすることはできるけれども、カナダの砕氷船も良い状態にはない。ルイサンローラン号は年季の入った砕氷船小グループの旗頭だが、何度も補修を繰り返しているので、美容整形を繰り返した米国コメディアンの名にちなんで、乗組員は冗談まじりに「船団のジョーン・リバーズ」と呼んでいる。カナダ政府は新しい砕氷船の建造を計画しているが、ここまで遅れていることを考えると進水は早くとも二〇二〇―二〇二一年、あるいはもっと先になる可能性があるだろう。

これだけのことを科学者、環境保護論者、先住民のリーダー、規制当局、軍隊が声をそろえて主張しても、エネルギー産業界は北極圏の海底石油採掘に何かとんでもないことが起きるという可能性を軽視しつづけている。二〇一〇年、北極圏に利権を持つ複数企業が、アラスカ沖合にある五〇万平方キロメートルのホッキョクグマ生息圏を保護しようとしたオバマ政権の計画を止めるために提訴した。次いで二〇一一年には、チュクチ海で海底探査のために六〇億ドル（約五〇〇〇億円）を投資したシェルの執行役員副社長デイビッド・ローレンスが、北極圏における石油採掘の仕事は「比較的容易である」と断言した。

この迷言は、石油リグのひとつを座礁寸前にさせ、火災を発生させ、同リグの原油流出封じ込めドームが機能しなかった、という事故だけでなく、二〇一二年一二月にはアラスカ州にある野生生物の生態系が手つかずの島に石油掘削リグを座礁させるという一連の事故を引き起こしたあと、突然シェルを去った男が吐いたセリフなのである。

北極圏におけるシェルの実績はあらゆる面において惨憺《さんたん》たるものだったので、米国内務長官のケン・サラザールは遠慮会釈なく次のようにまとめた。「シェルは二〇一二年にとんでもないヘマをやらかした。そして私たちは彼らの活動停止期間が明けたあと、彼らに二度とヘマはさせない。シェルはこの統合管理計画を実行しない限り、北極圏でのいかなる種類の探査も推し進めることはできない」

こうした場合の過去の教訓からすると、シェルのように、活動停止の期間を設けるのが最も慎重なやり方になる。活動停止とは、そのあいだにカナダと米国による新しい砕氷船の建造と、北極海で緊急事態が発生した場合、それに効率的に対応できるインフラの整備を待つということだ。カナダには、清掃と緊急回収作業の基地になりうる十分な水深の港がもう一カ所か二カ所必要になる。最高水準の技術を結集した航行補助装置が設置されなければならず、資源開発、水産業、観光開発に係わるあらゆる海運の役に立つ最新の海図も必要になる。とりわけ大事なのは、両国において自由裁量にまかされているらしい掘削のルールを、そのまま放置できない点である。北極圏での掘削時に要求されること、事故が起きた場合の影響はどうなるのか、それらが当事者全員に明確に理解されていなければならない。

最終的には、米国生物多様性センターのレベッカ・ノブリンが宣言したように、理性的な政策立案者が北極圏での石油採掘の禁止を決定するかもしれない。だがそれは希望的観測だ。アルバータ州のオイルサンドが証明したように、石油をせき止めるものは何もない。石油がもたらす収入に抗することができず、政策決定者は金が流れ込んでくる音を聞くやいなや無抵抗になる。未来の北極圏に起こるすべてに万全の準備をすることは不可能だが、少なくとも「越えてはいけない一線」はどこなのか、事故の予防あるいは事故発生時、最善の対応策が何なのか、あらかじめ案を練っておく価値はある。二〇〇七年にアラスカで起きたツンドラ火災や、二〇一二年に北極圏を襲った猛烈な低気圧が示したように、災害は私たちが何の準備もしていないところを不意打ちする。

だがもっと差し迫った問題は、いずれ起きるとわかっている事態にまったく準備ができていないことだ。経済的というよりは政治的な理由により、未来の北極圏を守るための科学技術は、石油・ガス開発や鉱山開発の進捗速度にまったく追いつけていない。

ディープウォーター・ホライズン事故の結果として採掘中断があったものの、その後の探鉱の進捗速度を見れば一目瞭然だろう。

二〇一二年にカナダは、マッケンジー川流域、ボーフォート海、マッケンジー・デルタでの新規探鉱許可を八つの会社に与えた。さらにマッケンジー川流域中部での探鉱許可が、シエル・カナダとMGMエナジーの二社に与えられた。これらの許可は一五〇〇平方キロメートル以上の土地をカバーする。ボーフォート海で九〇〇〇平方キロメートル以上の海域をカバーする六つの沖合での探鉱許可は、フランクリン・ペトロリアム社に与えられた。

二〇一三年、カナダ国家エネルギー委員会NEBはコノコフィリップ社にマッケンジー川流域で二本の坑井《こうせい》掘削と水平水圧破砕を許可した。規制当局が北極圏で水平破砕を許可したのはこれが初めてであり、水圧破砕が環境におよぼす影響を理解するためにはもっと研究が必要だ、という提案をしたカナダ学術会議の専門家審査レポート発表から、わずか数カ月後のことだった。

同じ年、インペリアルオイル、エクソン・モービル、BPはカナダの規制当局に、ボーフォート海カナダ側のこれまでのところ最深部での探鉱となるプロジェクトの第一ステップについて、案件概要書を提出した。

米国で環境保護団体と先住民のグループが訴訟を起こして無事勝訴していなかったなら、シェルは二〇一四年の夏に北極圏での活動を再開していただろう。その判決は二〇一四年一月、第九巡回区控訴裁判所にて下された。裁判官は、内務省によるチュクチ海沖合での石油・ガス採掘権の販売は違法であると判断した。この判決は、ポイントホープ先住民村、アークティックスロープのイヌピアト族コミュニティ、アラスカ自然保護同盟、米国生物多様性センター、野生動物を保護する人々の会、全米オーデュボン協会、天然資源保護協議会など、アラスカの先住民と環境保護団体による連帯訴訟に対する回答である。

しかし環境団体や先住民組織が勝訴したすべてのケースで、政府と産業界は、自分たちの要求を通す道をなんとか見出そうとしている。

たとえば二〇一〇年にはカナダの裁判所が、数十年前から北極圏国立海洋公園の計画が進んでいたランカスター海峡での地震探査を差し止める命令を出した。差し止め命令の結果、探査に加わろうとしていたドイツ船は、現場へ向かう途中で航海ルートの変更を余儀なくされた。アークティック・ベイやバフィン島のポンド入江などに住むイヌイットは、地震探査の音にシロイルカ、イッカククジラ、ホッキョククジラたちが驚いたり、そのあげく負傷してしまうことを心配した。

ところが二〇一四年六月末、カナダ政府は北極圏におけるはるかに強気な探鉱計画を許可してしまう。この展開に驚いて、あるイヌイットのリーダーは北極圏のほかのリーダーたちの懸念に共鳴した。「彼らはまだわかっていない」とキキクタニ・イヌイット協会の会長オカリク・イージーシアクはいう。「彼らは、イヌイットが懸念しているという事実、ものごとを決定するプロセスに参画したいという事実をまだ理解できていない。我々をプロセスに加えてくれれば、我々はもっと協力的になれるのに」

どうやらＮＥＢは、北極圏で安全が二の次になっている組織文化を、もはやそれほど心配していないらしい。二〇一三年、NEBはディープウォーター・ホライズン事故のとき、遅ればせながら設置して石油噴出を制御できたのと同様の減圧井戸を義務づけた規制を免除したいと表明した。

減圧井戸の設置義務に対して、最も声高に反対していたのがエクソン・モービルとBPだったことには、誰も驚かないだろう。両社は現在ボーフォート海での掘削を共同で行なっており、その深さはディープウォーター・ホライズンがメキシコ湾で行なった深さに匹敵する。

急激に変化しつつある北極圏世界に存在する不確実性からすれば、原油流出、清掃手続き、掘削禁止とすべき生物学的ホットスポットの地図作成などの諸問題に、北極評議会が取り組むことを期待するのは当然だった。だが八つの北極圏諸国――カナダ、米国、ロシア、フィンランド、スウェーデン、ノルウェー、アイスランド、デンマーク（グリーンランドとフェロー諸島を代表して）――が二〇一三年五月に署名した合意書は、これらの問題解決が将来どのようになされるか、その詳細についてきわめて曖昧なものになっている。

この合意書に沿って、各国は石油汚染に対処するための国家システムを維持することが要求される。そこには、関連法規や同合意書のガイドラインを考慮に入れ、さまざまな組織（公的・私的を問わず）を取り込んだ国家緊急時対応計画が含まれる。各国はまたさらに、原油流出を阻止するための最低限の装置の事前配備、流出油回収処理を担当する組織の演習プログラム、原油流出汚染に対応する適切な人材と遂行計画と通信機能の訓練、流出油回収を連携して行なう場合の手順あるいは取り決めを確実にしておかなければならない。

それから一年以上も経ったあと、全米研究評議会の委員会が一八三ページものレポートを公表したが、北極圏諸国は原油流出に対処する準備段階にすら至っていないと強調されている。エクソン・ヴァルディーズ号事故、ディープウォーター・ホライズン事故、そして北極圏におけるシェルの一連の事故を引用し、専門家委員会はきっぱりと、私たちは北極圏についてもっとよく知るべきであるといった。わざと油を流してみて、どのような清掃方法がベストか知る必要がある。より良い装備を備えた沿岸警備隊と野生動物保護のための計画が必要だ。委員会はまた、米国はベーリング海峡経由での北極海航路の船舶往来をもっと増やそうとしているロシアと、共同で仕事を始める必要があると指摘する。委員会はこの提案に、最近北極海航路を使った海運を促進すべく努めているカナダを含めることも推奨すべきだったろう。

【注釈】

【1】一九八九年、エクソン・モービルがアラスカ州プリンス・ウィリアム湾で起こした原油流出事故。海上で発生した事故のうち、史上最悪の環境破壊をひき起こした。

【2】二〇一〇年にブリティッシュ・ペトロリアム（BP）が起こしたメキシコ湾原油流出事故。

【3】具体的には、木星の第二衛星エウロパとの類似性。

第8章

結び

氷河学者のジャック・コーラーが、スピッツベルゲン島ニーオルスン近くのコングスヴェーゲン氷河上でドリルの準備をしている。ニーオルスンにはノルウェー人たちが管理していた国際研究センターがある。　写真：著者

ノルウェーの取り組み

キム・ホルメンは長身の男性。薄くなりつつある白い長髪と、もじゃもじゃ髭の五九歳である。戸外でかける黒いサングラスのせいで、ノルウェー極地研究所の国際部長というよりは、米国のブルースロックバンド、ZZトップのメンバーみたいに見える。最初に会ったとき、あご髭の由来を話してくれた。さかのぼること一〇年前、スピッツベルゲン島にあるノルウェー人たちが管理しているニーオルスンの国際研究センターで働いていた機械工と賭けをしたのがきっかけだった。賭けの内容は、どちらの髭が長くなるか。

「勝ったのはどちら?」。コングスヴェーゲン氷河の上に立ち、アメリカ人氷河学者のジャック・コーラーが氷に穴を掘っているのを見ながら、私は彼に尋ねた。

「まだわからんね」と彼は髭をなでながらいった。

ニーオルスンからコングスヴェーゲン氷河までは、ノルウェー領スヴァールバル諸島のスピッツベルゲン島の海に迫る山々と巨大浮氷原のあいだのか細い平地を、一時間かけてスノーモービルでゆく。右手に雪におおわれたフィヨルドの山々を見あげ、左手に氷の張った海を見おろす断崖で急に道がせまくなる場所があったが、そこを除けば比較的楽な旅だった。

その日出発前に、コーラーがアドバイスしてくれた。そのせまい場所を通り抜けるときは、山側の崖のほうへ「しっかり上半身をかたむけて」おくようにと。そうしないと坂を滑り落ちて断崖から海へ真っ逆さま、と彼はいった。

「というほどひどくはないけどね」と彼はつけ足した。「それに君はカナダ人だ。君らは毎日スノーモービルに乗ってるそうじゃないか」

コーラーは私を見つめ、私は何もいわずに見つめ返した。本気でそう思っているのか、からかっているだけなのか、私にはよくわからなかったけれど、氷河のど真んなかで氷床コア[1]を掘削するようすを見せるために連れてきた私が足手まといになることをどのみち後悔するだろうから、最後にスノーモービルに乗ったのは二年以上も前なんです、などということはいわないでおいたほうがよいと考えた。

スピッツベルゲン島に来てから四日が経っていた。その間、私はコーラーといっしょに氷河の上で過ごしたり、ドイツ人のダイバーと海岸に出かけたり、かつての炭鉱町で今は四〇人しか住んでいないニーオルスンでは絶対にありつけない、濃いコーヒーをふるまってくれるイタリア人科学者たちと過ごしたりしていた。ホルメンは、ニーオルスンから離れた険しい山肌に立つツェッペリン観測所へケーブルカーで連れていってもくれた。観測所は、センサー類の汚染を嫌って通常は外部者を立ち入り禁止にしているが、科学者にとっては地球規模での大気変動、そして人為的汚染から遠く離れた逆転層[2]の上空における汚染物質の長距離移動などを観察することのできる貴重なプラットフォームなのだ。

と私はいろいろ首を突っ込んでいたものの、この科学者たちのるつぼは一体何なのか飲み込めずにいた。ニーオルスンにやってくる訪問者の大半は、コーラーのような外国人だ。ノルウェー人たちにまじって、ドイツ人、フランス人、中国人科学者がほぼ年間を通して滞在している。私が到着した日に日本人が立ち去った。イタリア人の何人かは帰り支度をしていた。オランダ人、英国人、韓国人、そしてインド人の科学者たちが夏に滞在する予定だし、アメリカ人チームも来島の計画を立てている。ホルメンがスウェーデン人だというのも、私には驚きだった。

滞在中にわかってきたことだが、各個人は自分の国から食べ物、飲み物、コーヒー、お茶、言葉、態度だけでなく、それぞれの研究計画と研究優先順位を持ち込んできていて、それが国ごとの違いを際立たせていた。だが、だいたいどんな場合でも、北極圏におけるノルウェーの利害を最重要事項として特別扱いする者はいなかった。

しかし、日に三度の食事を取るために全員が食堂に集まるときには――つまり戸外活動で出歩いていないときは――みな共通の目的を追求しにここに来ている、というはっきりとした共通意識が感じられた。気象と変化しつつある北極圏の生態系の研究という目的である。

ほかの北極圏諸国とくらべると、ノルウェーの極地管理は革新的であり、ときに先見性も見せる。一九七三年以降、ノルウェー政府は二九の保護区を定めた。七カ所の国立公園、六カ所の自然保護区、一五カ所の鳥類保護区、そして島の地質学的特徴を保全するために立案された公園が一カ所。これらの保護区を合わせるとその面積は四万平方キロメートルとなり、陸地全体の六五％に相当する。スヴァールバル諸島の領海のほぼすべて──八六・五％──が、なんらかの保護を受けている。スヴァールバル諸島の東端の島嶼《とうしょ》群、コングカルルス諸島は、スヴァールバル諸島とバレンツ海北東にあるロシア領の島嶼群、ゼムリャ・フランツ・ヨセフ諸島に生息するホッキョクグマの重要な繁殖地で、一切立ち入り禁止になっている。動物調査に来た科学者のみが、期間限定で立ち寄ることが許されている。

自分たちの裏庭で国際研究を促進するための便宜を提供してくれるノルウェーの寛容さは、部分的には一九二〇年のスヴァールバル条約に由来する。同条約によってノルウェーはスヴァールバル諸島の統治を許されたのである。そしてまた、同条約は諸島周辺の自然環境保全を義務づけただけでなく、いかなる場所にも軍事施設の設置を禁じている。

ノルウェーは、同条約に書かれた文言を、というよりも条約の精神を信奉してきた。たとえば条約は科学的研究について具体的な規則を定めているわけではないが、ノルウェーはほぼすべての国々に対して、賃貸料の支払いと基本的ルールに従うことを快諾するならば、ニーオルスンに科学研究所を設置する権利を与えている。現在では、一〇の国がスヴァールバル諸島のあちこちに一四の調査研究所を構えている。例年、一〇〇〇人ほどの科学者が逗留《とうりゅう》してゆく。彼らが支払う賃貸料では、設備運営費用はとうていまかなえない。設備には最先端の臨海実験所、ダイバー用の再圧チェンバー、液体窒素製造装置などが含まれているのだ。

ノルウェー政府は極地研究に毎年約一八〇億円を費やしている。そのうちの最大額──八〇〜九〇%――が北極圏に振り分けられる。すばらしい科学的データが収集され、科学者たちの懸念と問題意識にもかかわらず、ここまでなされてきた研究では北極圏の急速な温暖化を止めることができていない。ホルメンによれば、冬がこれまでになく暖かくなっている。その結果、ここ数年間、西部フィヨルドに氷が張ることがなくなった。サバやタイセイヨウダラのほか、もっと南にいるはずの魚種が、温かくなった海水にひかれて移動してきているが、その水温は地元のホッキョクダラやホッキョクイワナにとっては不都合なはずだ。

コーラーやその他の科学者が観測してきた氷河は、北極世界全体の氷河と同じ速さで後退している。北米のカリブーと同じように、スヴァールバル諸島のトナカイも、三〇〇〇頭のホッキョクグマも悪戦苦闘の状態だ。二〇一四年には、スヴァールバル諸島のある一地域で、子どもを産んだ雌クマの比率が観測史上最低となった。ノルウェー極地研究所のジョン・アースと同僚たちは、彼らが追跡していた二九頭の成人雌クマのうち子どもを産んだのはたった三頭だったことを発見した。最低でも、と期待していた九頭から一〇頭という数字すら、三〇年前の標準からすると五頭程度少ない数なのだ。

だが、ノルウェー政府は、ツナミのように押し寄せてくる気候変動がらみの異変に飲み込まれ、それへの対処をおろそかにしていたわけではない。ノルウェー政府はエネルギー企業に対し、保護地区と氷の事故が起きかねない場所での掘削を禁じている。スヴァールバル諸島での漁業も禁止。二〇一五年からは、重油を使用する観光船やほかの船は保護地区に近づくことを禁止された。油の流出を懸念しているだけでなく、重油を使用するタイプのエンジンが出す油煙を嫌っての決定である。

賞賛にあたいする点は多いけれども、ノルウェー政府によるスヴァールバル諸島の管理は完璧ではない。二〇一四年には、政府系ファンドが世界中の炭鉱へ九〇〇〇億ドル（約七七兆円）と推定される額を投資している事実をめぐって議会でもめている最中、スヴァールバル諸島では一番大きなノルウェー人居住地であるロングイェールビーンの南で新しい炭鉱が開かれた。また二〇一三年にはスヴァールバル諸島で偶然シェールガスが発見されたため、諸島内の非保護区のどこかで水圧破砕を始める可能性がなきにしもあらずと囁《ささや》かれている。

北米、ロシアと北極圏

それでも、スヴァールバル諸島体験のあとにカナダ、アラスカ、北極圏ロシアを旅してみると、北極圏の管理方法と見方に関してノルウェーとその他の国とでは大いに異なることに衝撃を受けた。カナダでは、上院議員二名が取締役を務める鉱山資源会社が、エルズミア島のフォスハイム半島で巨大な炭鉱を開設すると発表したが、そこはメアリー・ドーソン、リチャード・ハリントン、その他の古生物学者が古代世界の化石を発掘した場所である。それと同じ頃、カナダ政府は「気候と大気科学のためのカナダ基金ＣＦＣＡＳ」を閉鎖するプランを発表した。この基金が拠出する財源は、スピッツベルゲン島のツェッペリン観測所に類似したエルズミア島の研究所を運営している科学者たちにとっては不可欠だった。カナダ北極圏東部のイヌイットたちが、ランカスター海峡での地震探査をやめさせるために訴訟準備をしたように、カナダ北極圏西部のデネ族たちは、北極圏の真南に位置するマッケンジー川流域で水圧破砕を計画中のコノコフィリップス社の提案をめぐって争っている。

アラスカでも北極圏の未来は明るくない。二〇一一年、アラスカ州とエネルギー会社数社は、連邦政府がホッキョクグマの重要生息地として指定したベーリング海とチュクチ海の地域はあまりに広すぎると提訴し、彼らはこれに勝訴した。ロイヤル・ダッチ・シェルが二〇一二年に北極圏で起こした大惨事ぎりぎりの事故にもかかわらず、アラスカ州はまた別の訴訟に乗り出した。今度の訴訟は、アラスカ州が米国内務省魚類野生生物局を相手取り、同局は北極野生生物国家保護区の沿岸で石油とガスの探査を行ないたいという同州の申請を不当にも拒絶した、というものだった。

ロシアでは、西ロシアにあるハンティ・マンシ自治管区・ユグラのトナカイ牧夫たちが、まだ開発にさらされていない最後の荒野の一〇%部分で石油・ガス会社による採掘を止めようと、いまだに苦闘している。その一方で彼らの隣人、ヤマル半島に住むネネツ族は、二〇一四年の厳しい凍結で自分たちのトナカイおよそ二万頭が餓死したあと、生活援助を乞い願っていた。

衛星写真が海氷のデータを提供できるようになった一九七九年以降、北極圏の海氷は毎年四％の割合で減少しつつある。この減少は一九九八年――エルニーニョのせいで極端に暑かった年――から加速し、何度か海氷喪失記録を樹立している。二〇一三年には海氷が戻り、気候変動懐疑論者たちはそれ見たことかと指摘しがちだが、それも長くはつづかなかったし、あまり意味はない。二〇一三年九月の最小海氷面積は、一七九七―二〇〇〇年の平均よりも一八〇万平方キロメートルせまく、その差はテキサス州の二倍以上もある。

一〇年前、北極圏の海氷がこんなにも速く減少すると予想した人はいない。しかし今では、一番保守的な予測モデル分析者ですら、二〇三〇年までには季節によって無氷状態になることがあると、ほんの数年前の予測よりも二〇年前倒しにしている。

こうした気候変動は、科学者が予想だにしない驚きをもたらした。二〇一二年の北極嵐は大変な驚異だった。二〇〇五年、二〇〇六年、二〇一一年にアラスカのユーコン・カスコクウィム・デルタに襲いかかり、内陸の奥深くそれぞれ三〇・三キロ、二七・四キロ、三二・三キロまで浸入した高潮も言語に絶した。二〇一〇年には、グリーンランドのピーターマン氷河から二五〇平方キロメートルの棚氷《たなごおり》が剝離したため、同氷河はほとんど一瞬にして体積の一〇％を失うというできごとがあった。その二年後に、一三〇平方キロメートルの氷の塊がまた崩落している。北極圏の科学者たちの何人かは過去一五年、あまりに頻繁に驚かされてばかりいたせいで、将来びっくりするようなことがないとすると、それこそが驚きだよといっている。
公正を期していえば、科学者たちは一九九〇年代という早い時期に、カナダ北極圏西部とボーフォート海南部でのホッキョクグマの減少を予言していたが、最近の極地周辺の全域で見られるように、カリブーの個体数が破滅的減少を迎えるとは、ほとんど誰も予想していなかった。同様に水産生物学者も、タイヘイヨウザケがベーリング海のほかの魚種といっしょに海氷が減少した北極圏へ移動するだろうとは考えていた。しかし、二〇一二年に発見されたように、タイヘイヨウザケがグリーンランド沖合やカナダの北極圏東部で獲れることがあろうとは、誰も夢にも思わなかった。

真剣に取り組む必要性を、最も強烈に思いしらされたできごととして、過去一〇年間に北極圏ロシア、アラスカ州、ユーコン準州、ノースウェスト準州の広大な地域を灰にしたツンドラ火災がある。そのうち四つの年に起きた火災は、近代史上最悪の火災だっただけでなく、有毒物を何千キロメートルも南へ放出した。

驚きのすべてが悪い驚きというわけではない。シンリンバイソンは、ユーコン準州で驚異的な返り咲きを見せているようだ。アラスカにとってそれは良い徴候だ。同州ではシンリンバイソンの再導入をはかっている。ジャコウウシもうまくやっているし、北は北極諸島、東はハドソン湾とマニトバ州北部へ進出しているバレングラウンド・ハイイログマも問題なしのようだ。クーガーのような大型ネコ科が、一万二五〇〇年以上ごぶさたしていた土地へ舞い戻ってくる徴候も続々発見されている。

こうした新しい北極圏の生態系を、責任を持って管理してゆく方向性は、地政学的前線においても固められている。北極圏の領有権不明地域で新たな境界線を引くプロセスは、国連海洋法条約の後押しのもとで問題なく進捗している。沿岸諸国は、領有権不明地域の多くの場所で漁業を控えることにも合意している。

ただし、未来の北極圏をめぐる新たな疑問が、積み残された疑問が解決前から、どんどん積みあがってきている。たとえば、ウクライナ危機が北極圏での安全保障問題や協調関係にどういう影響をもたらすか、誰にもわからない。

また別の例として、もしアザラシ・ジステンパーのような中緯度でよくある病気が、これに対する免疫をほとんど持たぬ、あるいはまったくないイッカククジラやシロイルカのいる北極圏に腰を据えてしまったらどうなるのか、科学者たちは答えられない。最近北極海ではマイクロプラスチック[3]が見つかっているが、これもまた、北極圏の鳥や魚や哺乳類が、世界が捨てた化学廃棄物を大量に取り込んでいる可能性を示唆している。海洋哺乳類や魚類が、北太平洋やベーリング海からチュクチ海やボーフォート海へ北方移動しているが、何か良い結果が出るだろうか。

地政学的影響と気候変動効果とはそれぞれ複雑なものだけれど、そこに海洋での石油・ガス開発がもたらす影響が絡んでくると、特に専門家たちが予測するように、そうした資源開発が海面をおおう氷量の減少に反比例して活発になるとすれば、事態はずっと難しくなるだろう。二〇一四年七月、世界自然保護基金カナダは、インペリアル・オイルとシェブロンがボーフォート海で計画している北極圏最深の油井掘削で噴出事故が起きると、強風と猛烈な海流のせいで油はものすごい速度で拡散するだろうという独自のレポートを発表した。これによれば、その流出油が北極野生生物国家保護区にあるポーキュパイン・カリブーの繁殖地の海岸に到達する可能性は高い。

石油の除去のために化学分散剤を使うと、毒性濃度が高まった分散油が、ホッキョククジラやシロイルカやホッキョクイワナ、そして最近とみに増加しているタイヘイヨウザケなどが目撃されるボーフォート海の水層に入り込む可能性がある。油が氷の下に入り込んだ場合、それを除去するのは不可能になってくる。

北極の未来

ノルウェー極地研究所の国際部長という展望の効く立場から、キム・ホルメンは辺境でのエネルギー探査と気候変動が、打つ手もなく手をこまねいている世界を絶えず脅かしているのを、いらだちをもって注視してきた。彼は、現在進行中の変化からさらに驚くべきことが生じると確信している。

ホルメンは自分の指導者として、気候変動に関する政府間パネルＩＰＣＣの設立と運営の中心人物だったバート・ボリンの名をあげる。ボリンと同じく彼も、北極圏の未来に関するすべての疑問に対する解答を持っているふりはしない。「バートにこう尋ねたのを覚えている。『これまでのキャリアのなかでひねり出した、あなた独自の構想というのはいくつくらいありますか』と。バートはしばらく考え込んでからこういったんだ。『三つと半分かな』」

もちろん、ホルメンがいいたいポイントはこういうことだ。未来の北極に関するすべての疑問に、一人の人間が答えることはできない。だからこそ彼は、三〇万の人々が温室効果ガス排出の削減を進める条約の各国政府の支持を求めるべく二〇一四年九月にニューヨークと世界中で行進した際、何人かの科学者が行動したように、北極圏で起きていることを世界に告げ、なぜ大衆が覚醒しなければならないかを啓蒙する、そういう大きな役割を科学者集団は、果たさなければいけないと信じている。「これから一〇〇年後の自然界がどうなっているか、もっと広がりの大きな議論をする必要がある。北極というのは、地球上の自然を人類がどれだけゆがめているか、それを示す重要な実例のひとつでしょう。何が起きているのか知ること、そしてそれをみんなに教えること、そういう仕事をしなければ」とホルメンはいう。

変化に適応する方法を見出すこと、それも未来に対処する鍵だ、と彼は付け加えた。

「二週間グリーンランドを歩き回ってきたところでね」。二〇一四年七月の下旬、最後に会話をしたときに彼はそういった。「政府の役人と会ったとき、『新たなチャンス』についてたくさん話し合った。グリーンランド南東部の海で成功しているサバの養殖場の話題もそのひとつ。私たちが何をしようと、すでに環境にダメージを与えている変化は、私たちに行動することを義務づけている。今後数十年間に起きるさらなる変化に準備せよとね。否でも応でも、未来の気候変動との取り組み方のひとつが適応ということになる」

ホルメンのコメントを聞いて、私は未来に対する考え方を若干修正した。北極圏での採掘を計画しているエネルギー企業が初志貫徹するのはほぼ確かだろう。彼らの目的ははっきりしているし、それを遂行するための手段にも事欠かぬ。これに相対する世界――科学者、環境保護論者、先住民のリーダーなど諸々の人々――はというと、急速度で展開中の未来に対してどう適応し反応すべきかのコンセンサスに達していない、というかひょっとすると永遠に達しそうもない。

こうした意見の不協和音は、カナダ北極圏、イヌヴィアルイト狩猟評議会の会長フランク・ポキアクの率直な意見表明にも見て取れる。二〇一四年七月に発表された、世界自然保護基金カナダによる北極圏での石油流出事故についてのレポートをどう思うかと尋ねられると、彼は油が流れ出したらカナダ北極圏西部に住んでいる自分たちのような民族にとっては壊滅的だと認めた。だがすぐに言葉を継いで、イヌヴィアルイト族としては海洋石油やガスに賛成か反対かはまだ決めていない、というのだった。

一貫性を持てない理由のひとつは、二〇一四年に米国科学アカデミーが発表した、北極圏において浮上しつつある疑問についてのレポートのなかでヘンリー・ハンティントン、ジェニファー・フランシス、その他の科学者が指摘したように、次々に明らかになる疑問の多くに対し答えが出ていないからだ。

ある点で、未来の北極に関するこの議論はオラン・ヤングのような者にとっては昔からある議論だ。彼はカリフォルニア大学サンタバーバラ校のブレン環境科学管理学スクールに所属する、北極圏の専門家であり、環境統治の分野での第一人者でもある。五〇年以上にわたってヤングは、既存の、あるいは表面化しつつある北極の諸問題に取り組む国際協力を促進するために、科学、伝統的知識、制度的枠組みなどを活用する方法を模索してきた。どのように未来の北極の方向づけをすべきか、北極評議会を牽引役に据える考えから北極条約を作るメリットまで考慮しつつ、何年も思案してきた。

だが現在のヤングは、北極の未来を違ったふうに見ている。

「おそらく私たちは、壮大で華やかな国際的夢物語にばかり目をとらわれていたのです。たとえばスエズ運河やパナマ運河のライバルとしての北極海航路だとか、米国地質調査所による二〇〇八年予測が示唆した規模の資源[4]を狙っての争奪戦とか」と彼はいう。「北極圏を、持続可能性への移行というテーマを検討するための、派手さはないけれども気候変動がもたらした問題の影響を実際に大きくこうむった実験場所として、考えてみる必要があるのではないでしょうか」

ヤングの考え方の骨子は、北極圏での海洋石油・ガス開発や海運は、エコノミストが予測したようにすぐさま実現するものではないが、気候変動のほうは待ったなし、というものだ。最も良い進め方は、小規模の先駆的取り組みを開始し、森林火災やツンドラ火災、海面上昇、沿岸侵食、野生動物の個体減少、侵入種、資源開発など当面の脅威に取り組むために科学者、先住民、政策立案者、さまざまな北方の利害関係者を決定の場に招くやり方だ、と彼はいう。こうした企画によって、たとえば政策立案者とアラスカのシシュマレフの住人の双方に働きかけ、コミュニティを支えるために膨大な金を蕩尽《とうじん》するのではなく、移住の説得を実らせることができるかもしれない。こうしてシシュマレフで学んだことを例として、同じような問題で悩んでいるほかの沿岸コミュニティで活用できるかもしれない。

この考え方の延長として、小規模の先駆的取り組みを、町の財源をホッキョクグマが通過するのを見にくる観光客頼りにしているあの小さな町チャーチルに、当てはめてみるのもいいかもしれない。将来無氷の時期に、飢えたホッキョクグマに餌を与えてみるという実験的試みが、他地域のホッキョクグマ集団を救う手引きになるかもしれない。これに加えて、穀物港であるチャーチルの港からビチューメン[5]などのエネルギー資源を船積みする場合の諸々の影響をよく理解することが、これまで提起されてきたように、将来いつの日かアルバータ州のビチューメンを市場に積み出す意義があるかどうか、それを決定する判断にも役立つだろう。

このような方法は道理にかなってはいるけれど、こうした先駆的取り組みの財源を見つけるのは、気候変動の議論、科学者、そして特に環境保護の取り組みに敵対的な、スティーヴン・ハーパー首相率いる保守系政府が陣取るカナダ（当時）では、とりわけ難しい。オラン・ヤングとゲイル・オシェレンコが何年も前に共同執筆した本のなかで予告したように、「北極の時代」が到来するのだろうが、ハーパーやウラジーミル・プーチンのような政策立案者はそこに開発チャンスだけしか見ていない。

こうした小規模の取り組みに加え、北極圏で絶対に必要なのが、ノルウェーがニーオルスンで促進しているような、国際協力の数を増やすことだ。北極評議会の役割も強化されないといけない。北極条約はたたき台としては弱いかもしれないが、問題点を議論するためのきっかけにはなる。

海洋学者のポール・アーサー・バークマンは、ブレン環境科学管理学スクールでヤングたちと、北極海の国際協調型統治に関する科学、政治、情報技術など、諸分野にまたがる学際研究に携わっている。彼は、北極圏において永続的安定をはぐくむには、公開討論の場とリーダーシップの両方が必要だと確信する。北極評議会が設立二〇周年を祝う二〇一六年は、米国大統領バラク・オバマにとって、北極海沿岸国全首脳を招いて会議を開き、「目下の小競り合いをひとまず脇にのけ、未来に向けた希望とインスピレーションの種をまく大物政治家としてふるまう」好機到来と見ている。

彼はいう。「課題は、みんなで考えることをしてこなかった北極圏の諸問題について、継続的で誰もが参加できるプロセスを作ることです。北極圏のために、オバマは『平和のコイン』を流通させる勇気を持つべきです。表面には協調の促進を、裏面には争いの回避を刻印したコインを」

たぶん、私たちがめざすべき場所へ到達する近道は、中緯度でますます被害をもたらす激しい気象現象を北極圏で起きている変化に結びつける才覚を持った気象学者ジェニファー・フランシスのような科学者たちの手中にある。北極圏と亜北極圏の森林やツンドラの火災が巻き起こす息詰まる煙幕は、北極で何が起きているのかも知らない南方の人たちの注意を引くだろう。たとえば、二〇一二年にニューヨークとニュージャージーの一部を浸水させたハリケーン・サンディのような嵐がまた来たとき、それをジェット気流の変化と関連づけて説明すれば、主力メディアで大きく扱われるだろう。

私たちはすでに、将来北極圏で起きることが世界全体に関係するという概観を得たわけだが、もっと多くの人たちが、ときたま襲ってくる破壊的な嵐や大気汚染の警告への関心どまりでなく、その因果関係を理解してくれなければ、政策立案者たちは、復元力のある生態系を生み出す一番の可能性を秘めた未来の北極のロードマップに投資することはないだろう。この一歩を踏み出すためには、科学的理解が決定的に重要なのだ。

しかし科学者と北極圏の先住民が、現在未解決の疑問と将来湧いてくる疑問の両方を解く手段を与えられなければ、私たち南に住む者たちは、未来の北極圏が引き起こす事象に、今後ずっと不意打ちを食らい、罰せられつづけるだろう。

一年が経過するごとに絶えず変化し続けている北極世界の未来はどんなふうになるのか、その答えを知ろうとするのは愚行だ。特に、そのジグソーパズルが無数のピースからできあがっているときには。そのピースには、寒冷地の哺乳類、鳥類、魚類、無脊椎動物、植物、菌類など私たちがよく知っているものから、病原菌や内部寄生虫など大部分謎の生命体までが含まれている。そしてその背景には北方樹林、ツンドラ、永久凍土、極地砂漠、氷河、氷冠、山、川、デルタ、海氷、氷湖、循環流、大洋が控えているともなれば、さらに気の遠くなるような挑戦となる。しかし、未来の北極圏の想定図を作れないとなると、過去三五年のあいだにエネルギー企業が数十億ドルをかけてアラスカ州からユーコン準州、ノースウェスト準州へ抜けるパイプラインを敷設しようとしたむなしい努力を通じて、何度も直面したことと同じ事態を迎えることになるだろう。どのケースでも、当該地域に住む先住民が有する科学的、経済的、文化的関心は十分に考慮されていなかった。

世界気象機関と国際科学会議がスポンサーとなった二〇〇七―二〇〇九年の国際極年ＩＰＹの期間に、六二カ国が数億ドルを持ち寄って、広範囲にわたる物理学、生物学、社会学の研究・調査をするために何千人もの学者を北極圏へ送り出した。

国際極年科学会議は、北極圏について私たちが知っていることを要約した。ヤングが推奨した小規模の先駆的取り組みに加えて、今必要なのは、これまで蓄積された知識を具体的行動に移す類似のメカニズムである――すなわちＩＰＹを踏襲するもので、「国際極一〇年」と呼ぼうという発案があった。理想的には、この国際討論会で科学者、先住民、産業界代表、政策決定者を一堂に集めて、いっしょに未来へのロードマップを描きたい。適切に組織化されれば、森林火災、ツンドラ火災、海面上昇、沿岸侵食、野生動物の個体減少、侵入種、資源開発、商業海運、原油流出など切迫した脅威に対応できる、各地方に小ぶりの先駆的取り組みを配置することもできるだろう。理屈の上では、このような各地方の先駆的取り組みで実施された解決策を吸いあげ、北極圏全体の政策立案者と分かち合うことになるだろう。

いわゆる北極の時代はやってくる。だが、すみやかな行動が取られなければ、私たちは準備不足のまま次々に虚を衝かれることになるだろう。

【注釈】

【1】　氷床から掘削された氷の柱。

【2】　ふつう、高度が上昇すれば気温は低下するが、逆転することもある。それを「気温逆転」といい、気温逆転が起こっている層を「逆転層」という。

【3】微少なプラスチック粒子。

【4】地球上の未発見資源（原油・天然ガス）の二割以上が北極にあるとする。

【5】砂粒に付着した粘性の高いタール状の油。

あとがき

前世紀末から持ち越した地球温暖化論争は、肯定派と懐疑派の言い争いで騒々しい時期もあったけれど、二〇一五年末の「パリ協定」採択によって、温暖化に関する広いコンセンサスが得られた。

だが、北極圏専門のジャーナリストとして三〇年以上北極を旅し、調査し、暮らし、語り合い、思念してきた著者エドワード・シュトルジックは、それよりもはるか以前に結論を出していたに違いない。

大きく構えて「地球」の温暖化を云々するのではなく、少なくとも自分が知悉《ちしつ》する北極は間違いなく温暖化していると。おのれの肉体を北極圏に晒《さら》し、五感を通して得たことしか語らぬ彼は、風景の変化に目を凝らし、先住民の声に耳を傾け、姿を徐々に消す動物たちの聞こえぬ悲鳴を聞き取ってきた。

「気候変動リアリスト」という渾名《あだな》を得たというが、それもうなずける。彼は、生々しい変化が現にそこにあるのだから、それを見据えて有効な対処を考えなければいけない、というリアリストなのである。生態系を犯しがちなエネルギー産業に関しても、頭から敵視するのではなく、産業開発の重要性を踏まえつつ、環境および事故対策の徹底を唱えるリアリストでもある。そして、彼の念頭から決して離れないのが、現場で生きる先住民と動物たちへの配慮である。

本書のポイントはそこにある。気候変動以外の要因をも含めた「北極大異変」の中で、北極圏に生きる人々と生物をいかにして守りぬくか。そして、北極圏の保護が延いては北極よりも南の、つまり「私たちの」生活圏の安寧につながるというメカニズム。

人類を未来へ導く指針が不確実な時代であるからこそ、生態系に全力で味方するという健《けな》気《げ》な行為は悪くない「賭け」なのではなかろうか、偉業なのではないだろうか。冷戦体制絶頂期だった一九六〇年代、ホッキョクグマの保護というテーマで米ソが同じテーブルについたという実例がある。それは、クマの命のために、東西がイデオロギーを越えて正気に戻った瞬間だった。

およそ一〇〇年前、氷山に衝突したタイタニック号の無線室では、無線技士が必死にSOSの信号を叩いていた。だが救援可能な場所にいた貨物船の通信士は眠りこけて傍受できなかったという。本書の著者エドワード・シュトルジックは、北極を転々としながらメモを取り、カナダからフィールドノートという形で発信してきた。私たちの覚醒を期待して。

本書は、Edward Struzik "Future Arctic - Field Notes from a World on the Edge" (Island Press 2015) の翻訳であるが、著者の承諾を得て編集した部分がある。

園部　哲

Edward Struzik

エドワード・シュトルジック

35年以上、北極圏の踏査をしているジャーナリスト。優秀な環境報道に与えられるグランサム賞を受賞したほか、カナダの最古の科学学会から科学理解への傑出した貢献を讃えて授与された創立者賞など数々の受賞歴がある。また、マサチューセッツ工科大学、トロント大学のフェローであり、北極圏加英セミナーにおいて、世界的問題のなかで北極および北方世界が占める位置に関する報告担当者に任命された。現在はカナダ、キングストン市のクイーンズ大学にある、クイーンズエネルギー・環境政策研究所、政策研究大学のフェローを務めている。

知のトレッキング叢書

北《ほっ》極《きょく》大《だい》異《い》変《へん》

二〇一六年四月三〇日　第一刷発行

著者　エドワード・シュトルジック
訳者　園部《そのべ》哲《さとし》
発行者　館　孝太郎
発行所　株式会社集英社インターナショナル
〒一〇一—〇〇六四 東京都千代田区猿楽町一—五—一八
電話〇三—五二一一—二六三〇
発売所　株式会社集英社
〒一〇一—八〇五〇 東京都千代田区一ツ橋二—五—一〇
電話　読者係 〇三—三二三〇—六〇八〇
販売部 〇三—三二三〇—六三九三(書店専用)
印刷所　大日本印刷株式会社
製本所　ナショナル製本協同組合

ISBN978-4-7976-7322-7 C0040